U0169260

一本书读懂
理财常识

肖良林◎著

中国商业出版社

图书在版编目（CIP）数据

一本书读懂理财常识 / 肖良林著. -- 北京 : 中国商业出版社, 2023.3
ISBN 978-7-5208-1975-6

Ⅰ. ①一… Ⅱ. ①肖… Ⅲ. ①财务管理—基本知识 Ⅳ. ①TS976.15

中国版本图书馆CIP数据核字(2021)第247347号

责任编辑：林 海

中国商业出版社出版发行
（www.zgsycb.com 100053 北京广安门内报国寺 1 号）
总编室：010-63180647 编辑室：010-83118925
发行部：010-83120835/8286
新华书店经销
香河县宏润印刷有限公司印刷
*
880 毫米 ×1230 毫米 32 开 6.5 印张 130 千字
2023 年 3 月第 1 版 2023 年 3 月第 1 次印刷
定价：58.00 元
* * * *
（如有印装质量问题可更换）

前言

现实生活中，很多人总是烦恼：自己的房子太小了，想换个大的，可是力不从心；工作太辛苦、太累，想出去旅游放松身心，可是没时间也没闲钱；车子陈旧，想换一辆新的，看上的车价格却不便宜……为了实现自己的某个愿望，每个人每天都在默默努力着。

可是，即便如此，最终得到的结果却也大不相同。比如，有的人生活条件优渥，有的人生活却处于普通水平……而要想缩小自己跟他人的差距，就得学会理财。

为了让自己的生活更加幸福，为了让自己更加游刃有余，树立正确的理财观念很有必要。

举个简单的例子。

甲和乙两人于同一时间毕业于同一所大学，之后两人进入不同的公司，月工资都是5000元左右。他们对自己的工资采用了不同的处理方式：甲意识到理财的重要性，开始学习并投资理财；乙赚多少花多少，加入了“月光族”的队伍。

5 年后，两人的月工资都涨到了 1 万元。他们的财产状况已经有所差别——甲已有 10 万元存款，需要用钱时，可以随时从账户里支出；乙将自己的工资都用在了吃喝玩乐上，账户空空如也……

10 年后，两人的月工资都涨到了 1.5 万元。这时，甲用自己存下的钱交了房子首付款，还有一些存款；而乙用自己存下的钱交了车子首付款，开始自驾游，依然是“月光族”……

15 年后，两人的月工资都涨到了 2 万元。甲购得一辆房车，每个月都会带着家人出去旅行，积蓄也达到了富足的程度；乙将孩子送入国际学校，放弃了旅游，卖了汽车，周末还要兼职。

甲、乙两人处于相同的起跑线，最终甲因为具备理财的头脑，成了人生赢家。

沃伦·巴菲特曾言：“一个人一生能积累多少钱，不是取决于他能够赚多少钱，而是取决于他如何投资理财，人找钱不如钱找钱，要知道让钱为你工作，而不是你为钱工作。”经历过“学理财—懂理财—会理财”，得到的必然是枝繁叶茂的大树，如此自己也就有了遮风挡雨的条件。

理财，是当今时代每个人尤其是年轻人都应该具备的一种技能，尤其是“00 后”。那么，如何才能正确理财呢？对于这个问题，这本书给出了一些思路。

本书主要分为上下两篇，上篇主要介绍了基本的理财知识，下篇则是理财规划的设定。

上篇主要包括以下内容。

第一章主要讲的是理财的重要性和必要性；

第二章介绍了理财的五大基本原则，即攒钱、节省、合适、多样、熟悉；

第三章介绍了家庭资产管理的科学性；

第四章主要讲述了人生不同阶段的不同理财方法；

第五章主要介绍了不同的理财产品；

第六章告诫读者不要走入个人理财的误区。

下篇主要包括以下内容。

第七章主要介绍了储蓄的基本方法和要点；

第八章主要讲述了家庭的日常财务规划；

第九章主要讲述了房产的规划；

第十章主要讲述了车子的规划；

第十一章主要讲述了个人的养老规划；

第十二章主要介绍了个人的投资规划。

以上内容都是个人理财的关键，只要掌握了这些，就能顺利走上理财之路，并取得良好的理财效果。

记住：在个人财富快速集聚的时代，做好理财，能让我们的生活更有安全感。

目录

上篇　掌握理财知识，迈向成功理财的第一步

下篇　做好理财规划，拥有完美人生

上篇
掌握理财知识，迈向成功理财的第一步

第一章　懂得理财，生活才能越过越好

想想看，自己是否已经成为“负翁”

当今社会物质极大丰富，人们可选择的物品种类越来越多；再加上支付方式的便利，让人们的消费行为更加灵活多变。可是，很多人虽然有着不菲的收入，到了月底结算的时候，总会发现自己不知道在什么时候已经成了“负翁”。

与“负翁”同时出现的，还有“月光族”。“80后”刚开始工作的时候，“月光族”这个词就已经火起来了；到了“90后”身上，已经升级成了“月欠族”。其实，不管是“月光族”，还是“月欠族”，当事人都没有多少结余，没有存款；等到真正需要用钱的时候，只能东挪西凑；结果，下月发了工资，除了还借款和各项花费，自己又会恢复到“月光族”或“月欠族”。如此，周而复始，如果当事人不懂理财，永远都无法走出这个怪圈。

生活中，我们经常会看到这样两个场景。

场景一：

每到月底，小刘就会唉声叹气，心想："怎么不早点儿发工资啊，信用卡要还了。"想到这个月还要接待同学，他的心就开始发紧。

场景二：

小周居住的地方离公司不太远，从参加工作她就打算买一辆电动车，可是已经工作半年了，她的银行卡里却一分钱都没攒下。

众所周知，太多的超前消费，不爱储蓄，只会让自己过得越来越狼狈。可是，依然有越来越多的年轻人乐此不疲地吃喝玩乐，潇洒地刷着自己的信用卡。

如今，很多年轻人在应聘职场工作的时候，最关心的问题就是："企业押多久工资？"如果押工资的时间超过了一定天数，他们就会觉得无法承受，究其原因就在于，他们负债过高，每月都要还债，如果工资不能按时、足额发放，他们就应付不过来。可是，即使领到工资，工资也在他们手中待不了多长时间，又会以很快的速度花完。小C就是这样的一个人。

小C在一家装修公司工作，该公司在业界知名度很高，她的工资也不低，每月只要一发工资，她就会立刻变成“暴发户”，朋友们都很羡慕她。每到这时候，她都会先花几百元大吃一顿，说是要犒劳自己一个月来的辛苦；然后，会拿出上千元去买衣服；之后，要还信用贷、信用卡等账单……一周之后，她又会变得一穷二白，开始苦等下个月发工资。

其实，除了年轻人，中年人更不容易，拿到工资后，要先还车贷和房贷，然后采购老人和孩子的衣服、鞋子、日用品等。看到朋友圈有人在晒各种吃喝，他们也会紧跟潮流，下单、支付，一气呵成。其实，很多东西买回来也用不了几次。

节假日，各旅游景点人头攒动，有些人经不住诱惑，也会从众出门，于是车票、机票、景点门票、住宿费、餐饮费、游乐费……纷至沓来，自己毫不犹豫地支付，结果出去一趟，钱包则会瘪成“相片”。

一、都市“负翁”

在过去很长一段时间里，对于一个人生活质量的优劣评价，存款可能是重要的一项指标。但是，随着信用消费的兴起，以及房价、教育费用等的提高，年青一代的储蓄率明显下降，个人资不抵债、入不敷出，“负翁”越来越多。

根据目前的社会状况，有社会学家还大胆预言，在未来的很长一段时间内，都市“负翁”可能会愈来愈多。原因很简单，人们的消费欲望强烈、投资欲望不灭，缺少节制的消费。而随着信用消费的日益普遍，个人和家庭的负债生活及消费现象则成了继企业负债经营现象后的又一大特点。

二、年轻人为何越忙越“穷”

如今，随着消费习惯的改变与生活需求的多样化，成为“月光族”甚至“负翁”的人越来越多，人均负债率也在逐步攀升。

年轻人为何越忙越“穷”？并不是因为大家都将钱花在了房子和车子上，而是因为很多人都是挣多少花多少，将自己的收入都吃光用光了。比如，“月光族”领到工资后会立刻消费，买买买，在最短的时间里花光所有的钱；“月欠族”则是靠借贷超前消费，一旦后续还款跟不上，就会面临更大的风险。部分年轻人之所以会由“月光族”变成“月欠族”，原因之一就是消费观念不健康、不懂理财。

1. 贷款渠道太多

日益丰富和便捷的消费贷渠道也是负债率攀升的主因之一。比如，只要刷一下银行信用卡，就能实现超前消费。各种购物平台都为用户提供了类似于消费贷的方式，且这些新的渠道有时比信用卡更方便。为了吸引用户消费，很多网购平台商家甚至还推出了多期免息的信用购物方式，用户觉得免息实惠，自然就会使用这种信用购物方式。

2. 刚性贷款需求提升

在现代生活中，“有车有房”几乎是很多年轻人的刚性标配，尤其是马上就要结婚成家的年轻人。而无论是购车，还是购房，考虑到自身的购买力，多数人都会选择贷款。如今，同时背负房贷与车贷的年轻人并不少。

3. 过度超前消费

中国人民银行发布的《2021 年一季度金融统计数据报告》显示，在第一季度人民币贷款增加了 7.67 万亿元，其中住户贷款增加 2.56 万亿元（短期贷款增加 0.58 万亿元，中长期贷款增加 1.98 万亿元）。可见，超前消费的观念已在百姓生活中形成，很多人已经养成了超前消费的习惯。

你离财务自由还有多远

如今，在年轻人中间流行着这样一个词——“财务自由”。这个词语之所以能够引起年轻人的关注，一个重要原因是当个人实现财务自由时，他便不会被钱财所累，能够过得更潇洒。

一、什么是财务自由

获得财务自由的人，一般都拥有更多的选择和自由的时间。在职场，工作是快乐的；在家里，可以心无旁骛地休闲。

实现财务自由的前提是财务自律。胡润报告显示，2018 年财务自由门槛在一线城市为 2.9 亿元，在二线城市为 1.7 亿元。对于普通人来说，即使工作一辈子，也达不到这个高度。

你离真正的财务自由还有多远？为了回答这个问题，我们先引入一个概念，即“财务自由度”。所谓“财务自由度”，就是“睡后收入”相对于消费支出的比例。这里有个公式：

$$\frac{\text{睡后收入}}{\text{消费支出}} \times 100\% = \text{财富自由度}$$

当然，这里的“睡”并不是“税收”，而是“睡觉”，“睡后收入”指的是一种被动收入，基本上不用花费时间和精力，也不用瞪大双眼关注，就能自动获取。

举个例子，如果你拿 100 万元用于理财，年收益率为 6%，即使整天都在家里蒙头睡觉，每年至少也能获得 6 万元的收入，这就是你的“睡后收入”。

如果每个月的消费和负债总共要 1 万元，年消费支出就是 12 万元。你的财务自由度就是：6 /12=50%。

50% 的财务自由度意味着，你基本可以享受一种很自由的状态。其实，只要达到 30%，就已经是一个适度自由的财务状态了。所以，追求真正的财务自由，对普通人来说，无异于天方夜谭，但我们依然可以努力提高自己的财务自由度，追求自己想要的生活。

二、通往财务自由的路径

要想实现财务自由，就要关注这样三条路径：开源、节流、投资。如表 1-1 所示。

表1-1　实现财务自由的路径

路径	解释	分析
开源	收入是硬道理	不管采取哪种理财手段，只要有一定的本金，就能开始。不管是通过工作，还是通过其他投资理财手段，只要增加本金，就能为实现财务自由奠定基础
节流	存钱是必需的	现实中，有些年轻人月入上万元，但存款为零。不要觉得现在自己工资高就可以不存钱，因为工作具有不稳定性，一旦失去工作，或者降低了工资，生活就会举步维艰。因此，如果你没有太多存款且工资不高，就要学会强制储蓄，学习一定的储蓄知识
投资	钱生钱是王牌	不管是大钱，还是小钱，坐等贬值，都会造成钱财的浪费。将长期理财目标和短期理财目标结合起来，进行投资理财，才能取得最佳的投资效果

可见，财务自由不在于你有没有 500 万元，而在于你能不能通过自己的努力，坚持攒钱，提高资金质量，过上身心自由的生活。即使你收入一般，只要行动起来，财务自由也会离你越来越近。

三、实现个人财富自由的方法

怎么实现个人财务自由呢？可以使用以下一些方法。

1. 多种渠道增加收入

不要妄想一夜暴富，要主动实践。别人都在努力工作，都在想办法增加收入，你却只知道抱着手机刷小视频、玩游戏，不去想办法，即使你目前比较有钱，也会作茧自缚，错过众多好机会。如果想实现财务自由，就要想办法挣更多的钱。记住，财务自由不是从省钱开始的，也不是从买彩票开始的，而是从多种渠道增加收入开始的。

2. 不让手里的钱都放在银行

储蓄，确实是一个理财的好方法。但是，如果你的剩余资金比较多，就不能将所有的钱都存在银行。与其将钱交给别人而自己获取一点点微薄的利息，还不如将自己的钱用于投资或做点小生意，积小成大，如果最终盈利了，你就赢了；即使最后亏了，也能丰富你的创业阅历，增长见识。

3. 可以贷款买房，但绝不借钱消费

贷款买房是一种生活必需，也可视作一种投资，但借钱消费就不一样了。比如，信用卡消费。不管工作人员吹得多么天花乱坠，信用卡能不办就不要办，否则就要支出一笔原本不必支出的费用。

4. 尽早为自己制订退休规划

只看眼前，不顾未来，只能伤害到自己的利益。提前制订一份退休计划，并为了该目标而努力时，你的生活才能更具目标性。

5. 掌握理财的基本知识

要想实现财务自由，就要懂得一定的理财知识，比如，什么是基金、股票、信用卡、贷款等。要知道如何计算利息，如何减少通货膨胀对自己的影响，关注理财知识，也是你的一项主要事务。

6. 对自己充满信心

只有认为自己会理财，才会将注意力放在钱上；对自己的理财能力缺乏信心，就无法落实到行动上。因此，要想实现财务自由，就要对自己充满信心。

7. 喜欢冒险并保持干劲

事实证明，喜欢冒险的人，往往更容易实现财务自由。因为他们敢想敢干，更有干劲，更能抓住机会。比如，辞职创业确实存在一定的风险，但如果你规划得很好并精通自己的领域，是很可能成功的。

8. 知道自己的钱花在了哪里

要想实现财务自由，就要知道自己的钱花在了哪里。手里原本有1万元钱，一个月后却所剩无几，问你都花哪儿了，你却一脸茫然，稀里糊涂，怎么能攒下钱？没有钱，财务如何能自由？

9. 制订明确的人生规划

实现了财务自由的人，通常在年轻的时候就已经确定了自己的人生规划。他们会按照自己的人生规划进行生活和工作，一步一步，踏踏实实，这样的人生也才是有意义的。

10. 预留下个月的资金

领到工资后，提前留一笔资金做下个月的预算。否则，很可能会成为“月光族”。日日光，月月光，年年光，手里一点积蓄都没有，就会受到钱的牵绊，甚至亲自去感受“一分钱难倒英雄汉”的无奈。

笔笔糊涂账，生活质量自然就提不高

一个年轻朋友曾问我：“我每天都在记账，但是花着花着就超支了。我平时挺节省的，从不乱买东西，而且每次都是打折季买衣服，但即便如此，也没存下钱。如今，毕业都已经5年，同学都买了私家车，我还是月光族，怎么办？”

现实中，存在这样问题的年轻人很多，所有的疑问和困惑归根结底其实就是，想投资理财、增加收入，却不知道该从哪里下手。时间一晃而过，自己的钱袋子还是干巴巴的。

如何解决这个问题呢？首先，让我们来回答这样几个问题：

你知道自己每个月最大的开支在哪儿吗？

你知道你买的哪些东西不那么合理吗？

你知道你买的哪些东西性价比最高吗？

相信，多数人对这些问题的答案都是模棱两可。

其实，这些问题考察的就是你对自己的财务状况是否了解。大家都在忙着赚钱，但如果连自己的财务状况都不清楚，钱都花到哪里去了都不知道，赚再多钱又有什么用?

养成记账的习惯，对生活中的各种收支做到心中有数，知道哪笔钱花到哪儿了，就能减少糊涂账。长期坚持，就能减少不必要的消费，增强消费目的性，养成理性消费、科学理财的习惯。

随着经济的快速发展，家庭记账也成为一种时尚，善于记账的家庭，生活也会日渐富裕；不会记账、不懂记账，即使收入不低，家庭也可能入不敷出。

个人理财与记账有着密不可分的关系，而与之相悖的是，现实中很多人对怎么记账却不甚了解，以为记账就是简单的收支罗列，即使将日常消费做了记录，也是一笔糊涂账。其实，记账也是一门技术活，要想提高效果，就要遵循理财记账的四部曲。

1. 整理支出票据

日常消费支出，最好保留各种票据，把购货小票、发票、银行扣缴单据、借贷收据、刷卡签单及存、提款单据等，放在固定地点保存。借助票据，就能保证账本数据的可靠性；如果记录的内容不可信，记账的意义也将不复存在。

每次记账时，把各种票据拿出来，认真核对上面的时间、金额、品名等项目。同时，即使到菜市场买菜或水果，没有票据，自己也要将具体花费了多少钱记录在本本上，以便最后统计。

2. 收支分门别类

家庭记账，不知道应该记什么内容，不进行归类，只能成为纯粹的“流水账”。用这种方法记账，毫无意义，要想让收支一目了然，易于分析，就要学会分门别类的家庭记账方法；对收支做好分类，进一步细化，看起来才能更清楚，才更便于对账本进行分析。当然，对于收支的具体分类，可以根据个人喜好来决定，但总的来说，还是越细化越好。这里，给大家推荐几种分类方法。

（1）收入。可以分为工资、奖金、投资收益、偶然性收入等。

（2）支出。可以分为固定支出、日常消费、投资性支出、偶然性支出等。

如今，网上有很多记账软件，记账软件中有较为明确的归类，如果觉得手写记账麻烦，也可以采用网上记账的方式。

3. 分析支出的合理性

做好账本后，要对各项消费的合理性进行分析，厘清哪些东西是非必要的、哪些开支是可以节省的、哪些开支是不必要的，了解了这些内容，才能减少下一次浪费，才能够更好地控制支出。

当然，记账不等于节省。在记账的过程中，如果发现某些支出不够，比如孝顺长辈的钱、给孩子的教育投资、保险开支等，也要适时增加。

4. 设置支出预算

无论是记账，还是分析，都没有硬性的规定和要求，关键还在于支出预算的制定，以及严格执行。制定了支出预算，就能根据以往的家庭支出，为将来制定最新的预算，比如下个月的预算。当然，需要注意的是，支出预算要具备可执行性，太宽松，约束性就会减弱；太紧凑，则会缺乏可操作性。通常，在支出预算中，要准备一些资金，以备遇到意外时灵活使用。

当然，家庭记账要遵循简单易懂的原则。家庭记账并不要求与企业记账一样精细，只要自己能看懂即可，因为毕竟不是所有人都具备专业的记账知识。

为了让生活更美好，制订理财规划不可少

随着理财在个人生活中地位的提高，制订理财规划也显得尤为重要。只忙着挣钱或花钱，而忽视了理财规划的制订，不仅无法提高理财效果，还会让你的财富缩水。为了让你的生活更加美好，就要认清理财规划的重要性。

举个例子：

一对“90后”小夫妻刚结婚，还没有孩子，双方父母也年富力强，负担就比较轻。但是两人的收入不高，除了日常消费，每个月也剩不下几个钱。后来，在同学的建议下，他们制订了一份家庭理财计

划，在保证生活开支的基础上，进行了比较合理的理财配置，获取了一定的理财收益，积攒了一些理财经验。

理财，首先就要制订合适的理财规划。不过，也不能盲目参考线上搜索的理财案例，或身边朋友的理财经验，要认真对自己的家庭现状进行有效评估，内容主要包括：有无孩子、父母是否还在工作、父母健康状况如何、双方的工资收入如何……之后，跟同阶段的平均工资水平进行比较，看看自己的收入是偏低，还是达标，有没有提高的空间？规划得越细，后面实施起来越容易，也越顺利。

在日复一日的生活中，每个人、每个家庭都可能遇到财务风险。比如，家人突然住院，家里拿不出钱；生意发生意外，只能挪用家庭生活费，让家人的生活捉襟见肘……因此，保证资金的安全自然也就成了个人理财最需要解决的问题。

所谓财务安全就是，个人对自己的财务现状充满信心，现有的各类经济资源，足以应对未来的财务支出和生活，不会出现大的财务危机；即使出现危机，也不会对生活造成多大的影响。不进行科学的理财规划，不提前做好准备，缺少应对风险的各种举措，一旦发生财务风险，个人就可能陷入财务困境。

但现实是，我们只有人生一半的时间具备赚钱的能力：20 岁之前，经济不独立，基本上都是由父母抚养，没有收入；退休前，要靠工作养活自己和家人；退休后，如果不想依赖子女，又没有充足的养老金，就很难度过漫长的养老期了。因此，为了让自己保持经济独立，减少子女的负担，为了让自己的晚年生活更自由，就要制订合理的理财规划。

一、制订理财规划的方法

要想让自己制订的理财规划更加合理，就要运用正确的方法。

1. 设定理财目标

制订理财规划，设定切实可行的理财目标至关重要。理财规划的制订，要围绕目标进行；目标不明确，理财规划将无法实施、完成。

设定理财目标时，要关注收入目标、储蓄目标、投资目标和消费目标等几个元素；也可以将目标按照“实用”“紧急”“愿望”等进行分类，并依照优先次序排列。常见的年度目标包括购房、购车、旅游、进修、子女教育等，然后分别计算出实现这些目标需要的开销和时间进度。

当然，不管设定哪类理财目标，都要符合自己的能力和财务状况；同时，还要遵循“SMART 原则”，即具体（Specific）、可量化（Measurable）、可执行（Action）、切实（Realistic）、限时（Time）等。

2. 梳理收入和支出

从理财的角度来说，收入 – 存款 = 支出，而不是“收入 – 支出 = 存款”。作为一种理财方式，制订理财规划虽然比较原始，但效果非常不错。把自己的收入和开支梳理清楚，才能进一步明确理财目标，继而制订理财规划。对于资产状况的回顾，要回答这样几个问题：既然要理财，那么你打算拿出多少钱进行打理？比如，过去你有多少资产？未来会有多少收入？资产是否符合自身需求？负债是否合理？能否利用财务杠杆让自己的财务结构变得更加合理？

3. 关注风险偏好

评估自己的风险偏好，也是制订理财规划的重要步骤。那么，如何才能了解清楚自己的风险偏好呢？可以使用的方法具体如表 1–2 所示。

表1–2　评估个人风险偏好的方法

方法	说明
考虑个人情况	个人的不同状况，会影响到风险偏好的认知，比如是单身，还是已经结婚成家？家里有没有小孩，共有几个？老人身体如何，是否经常生病？公司发展是否稳定，工作是否稳定？日常消费支出大概是多少？如果你有一个孩子，需要负担一定的家庭责任，而工资却不是很高，就要减少投资或出借等行为
考虑投资趋向	如今很多人都喜欢投资，只要家里有点闲钱，就想投资，比如买房、买商铺、做生意。不可否认，投资确实是增加个人或家庭资产的重要方式，但为了减少失败的概率，不让自己的血汗钱打水漂，就要认真思考自己的投资取向
考虑个人的性格	面对同样的事情，不同性格的人会做出截然不同的选择，甚至还会做出不同的行为。比如，追求时尚的人，只要看到市面上出现了时尚的衣服或饰品，就要掏钱买；个性独立的人，看到什么就会直接买，绝不拖泥带水。因此，在制订理财规划的时候，还要将个人性格因素考虑进去

4. 合理地分配资产

制订理财规划，要合理分配资产。当然，该资产分配是战略性的，需要在理性的状态下进行。举个例子，很多人认为，房子是一种保险的投资方式，只要手头有大笔闲钱，就会买房，一套，两套，三四套……殊不知，房子不是用来炒的，房价不会一直都上涨，也有下跌的可能；资产不可能固定不变，也可能缩水，为了买房而背上几十甚至上百万元的房贷，生活质量就会大幅下降。实践证明，固定资产在家庭资产中的占比最好不要超过60%。

5. 不要盲目跟风

个人理财的规划，不仅要考虑自己的资产状况，还要充分考虑个人的风险承受能力，合理地选择投资渠道和金融产品，千万不能盲目跟风。跟着别人做理财规划，看到他人买保险，你就买保险；看到他人买房，你就买房；看到他人买车，你就买车……时间长了，只能让自己肩上增加无限的负累。

6. 准备好紧急备用金

为何要准备好备用金呢？举个例子，你工作不善，被公司辞退。这时，家中老人住了医院，而你家里又没有储备金，就会陷入困境，只能被迫借钱。能借到，自然是好事；反之，借不到呢？情况是不是就会很糟糕！因此，一定要留出必要的准备金，以防遇到紧急情况。因此，虽然存储现金的增值效果不佳，但依然要拿出3～6个月的收入作为家庭紧急备用金，以备不时之需。

二、制订理财规划的基本原则

在制订理财规划的时候，要遵守以下几个基本原则。

1. 对期初与期末的存款金额进行比较

只有搞清楚收支状况，才能对症下药，因此理财规划应从整理账户开始。首先，可以选择一个基准日，例如 1 月 1 日；然后，确定一个结账日，例如 12 月 31 日。期末时，将两个日期的账户金额进行比较，就能计算出账户结余。

2. 善用消费记录，罗列及检视各项支出

月收入相对稳定时，账户结余取决于个人支出，如果入不敷出，就会负债。这时候，就要回顾过去一段时间的消费情况，识别出“必要”和“非必要”支出，然后看看有多少结余，从而找到积累财富的钥匙。如果需要缴纳房贷和车贷，分析家庭负债情况，更能让你在投资和还贷之间做出合理安排。

3. 减少非必要的消费项目，找到流失财富

检查各项支出，找到哪些是必需的消费、哪些是冲动消费，就能成功找出“流失的财富”。

为了控制预算，在新的时间段内，要尽量减少冲动消费。尤其是在使用“先享受后付款”的信用卡消费时，更要小心了。要仔细查阅上个月度的信用卡消费明细，了解每笔钱的具体走向，找到问题症结

所在。在日常消费中，有些项目是非必要的，比如，可买可不买的、即使买了也是不用的……对于这些项目，就要果断减少或舍弃。

4. 将储蓄减掉后，再计划支出

制订理财规划的重点在于把钱花在刀刃上，因此，可以先预设月底或年底的结余目标；然后，再用上月或全年收入减去结余目标金额，算出支出预算；最后，以此为基础，思考如何明智地花钱。

另外，也可以采用每月预存的方式，将年度购物预算或旅游经费，以每个月分摊的方式存下来，等到要使用资金时，就能有计划地消费了。

不要等到中年危机，才想到制订理财规划

俗话说得好，早起的鸟儿有虫吃。越早利用钱来赚钱，复利增值的时间就越久。人到中年，遇到事情的时候，缺钱的时候，才想到理财，时间就已经晚了。因此，理财也需要趁早。

早些年间，在阿根廷有一位知名的哲学家。他想法独特，立志要做举世闻名的哲学家，经过多年努力，果然实现了这一愿望。

一天，这位哲学家在路上遇到一位漂亮姑娘，姑娘很崇拜他，对他心仪已久，便礼貌地说：“我想成为你的妻子。虽然我的家世很普通，但我做事很认真、很勤奋，愿意跟你共度一生。”哲学家有些动心，但为了显得自己身份高，却说：“这件事太突然了，让我考虑考虑。”

跟姑娘分开后，哲学家很快就将这件事抛在了一边，继续埋头追求更高深的哲学。十几年过去，哲学家无意间想起了当年向他求婚的女子，犹豫着到底该不该结婚、结婚好不好？认真思考之后，哲学家决定跟女子结婚。

哲学家马不停蹄地赶到女子家中，女子的母亲接待了他。

哲学家问：“请问，您女儿在家吗？经过认真考虑，我决定娶她为妻。”

女子的母亲感到异常吃惊，不过很快就恢复了常态，笑着回答：“我女儿已经结婚10年了，前几天为了纪念结婚十周年，他们还请我吃了饭。”

生命是异常短暂的，岁月稍纵即逝，任何人都不会在原地静候着你的到来。与其在等待中烟消云散，不如在行动中寻找成事的机会。

其实，不管我们想达成什么愿望，都需要提早动手。人的一生，没有假设，不可逆，时间并不会等待我们。同样，个人理财也是越早越好。

陆小姐是个普通白领，在一家私企上班。她在这里一直工作到30岁，薪水虽然比刚入职时有所增加，但也刚过1万元。这几年，陆小姐省吃俭用，有20多万元的存款，存在银行。

一个关系不错的同事建议她说，房价涨得这么厉害，可以交个首付，买个小面积的房子。陆小姐有些犹豫，因为她担心自己将钱都用来买房了，将来遇到问题需要钱的时候，怎么办?

犹豫之间，陆小姐竟然发现自己的几个朋友都在理财，有的炒股，有的投了信托，有亏有赚，陆小姐意识到了理财的重要性。

陆小姐开始在网络上学习理财知识，发现不少文章中都提到了“理财要趁早”。陆小姐决定接受同事的建议，交个首付，按揭一套40平方米的二手房。简单收拾之后，陆小姐就住了进去。不仅少了租房的烦恼，还成了有房一族。早上她也不用坐公交车上班了，住所固定，她购买了一辆电动车，每天骑行上下班。

相信，多数人都会对自己的生活充满了幸福的憧憬：等哪天自己空闲了，来一趟说走就走的旅行；周末的时候，带着家人一起到乡间别墅小憩片刻；再加把劲，争取收到世界名校的录取通知书；退休后，做些自己感兴趣的事，比如，集邮和制作标本；自己喜欢喝咖啡，想拥有一家属于自己的咖啡店。

所有的梦想，都始于此刻，只要从现在开始努力，就可能实现！同样，理财规划也要趁早，不能往后拖。

一、为什么说理财要趁早

之所以说理财要趁早，原因不外乎以下几个。

1. 资金不足，就要抓住时间

以准备刚性需求的养老金为例。

假设甲、乙两人想要在55周岁退休，需要500万元的资金，甲25岁时开始准备，乙45岁时才开始准备。

如果两人都选择投资回报率约为6%的理财产品或产品组合，甲每年只要投入约6万元，就能实现500万元的目标；而要想实现同样的目标，乙每年就得投资约38万元，总成本将超过360万元。

可见，为了达到同样的理财目标，使用同样的理财工具，只有经济基础好的有钱人，才能稍微偷偷懒。而对于普通工薪阶层来说，必须提前行动，原因很简单：既然资金实力不足，就得抓紧时间，需要尽早做准备，钱不够，就得拿时间来凑！

2. 越早投资，承担的风险越大

同样还是前面的那个例子。甲有30年的准备时间，就能选择年回报率超过12%的理财产品或组合，比如，指数基金定投，如果能保持年回报率12%，那每月只要投入不到1500元，就能达到500万元的养老金目标。这笔投入额度不大，一般人都能承受。需要特别强调的是，基金是一个相对中长期的投资工具，要想获得12%及以上回报，是需要一定的时间的。时间充裕，再采取合适的投资策略，才能提高整体回报率。而乙只有10年的准备时间，即使资金绝对安全，也只能选择回报率约为6%的理财产品或组合，比如，银行定存、国债、投资型保险等。如此，要想实现500万元的养老金目标，每年就要投入约38万元。

二、个人理财，要趁早

所谓的理财要趁早，是指相对将来来说，从现在就开始理财。因此，无论什么时候开始理财都不算晚。

1. 确定一个小目标

虽然不能将自己的目标定位在“挣1个亿”，但依然要建立一些小目标，比如，每个月都取部分工资投到理财产品里，预计半年后能达到多少收益。慢慢养成理财习惯，先实现小目标，再实现更大的目标。

2. 提前做足准备

无论用多少钱投资理财，都要为自己留一部分风险准备金或保险金。对于普通白领来说，预留3～6个月的薪资作为应急资金是最妥当的，将来如果遇到急事，就用得上，也更安心。

3. 选择合适的理财方式

按照风险的大小，可以分为不同的理财类型，如基金、股票、期货等。不同的人群有着不同的理财需求，对应的风险和收益也不同，一定要选择适合自己的理财方式。

第二章　认识理财属性，坚守理财原则

攒钱：理财的起点

随着理财意识的逐渐增强，很多人已经意识到，只有采取合理的理财方式，才能让钱增值。在我们身边有很多“月光族”，他们工资不低，不用买房、不用买车，没有任何经济压力，但每到月底就没钱了，有时甚至还需要伸手向父母要钱；他们虽然经济独立，生活质量却不高，更无法拓展人生的宽度和广度。

“懒散”的生活并不是我们的终极目标，而实现财务的独立和自由，才是优秀者的一大特点。优秀者通常都懂得理财，更喜欢攒钱！攒钱自然也就成了理财的起点。

小文今年25岁，在一家设计公司上班，月公司6000元多点，已经从业3年，但一点积蓄都没有，买东西如果钱不够，就让老爸老妈支持。老妈看不过眼，整天“训”她：“都这么大了，还不自己存点钱，不给自己准备点嫁妆钱。”“整天只知道吃家里的、喝家里的、用家里的，还不交生活费，你的钱都花哪儿了？”

小文盯着空无一文的银行卡，开始反思：跟闺密一起喝茶、泡咖啡屋，每月花费 1000 多元；交通费、通信费、餐费，每月至少 1000 元；逛街，买衣服、买包包、买小玩意等，一个月花 2000 多元；给爸妈买东西，少说也得 2000 元……算来算去，居然算出了负数。

按照正常的逻辑，小文有房住，不要交房租；有饭吃，不用交伙食费……一个月下来，无论如何也应该能存下几个钱，可是她只顾着消费，看到心仪的就买，根本没想过攒钱，难怪她会月月光。

现实中，像小文这样月收入在 6000 元左右的职场人士比较多，其实这笔钱完全够花了，但……更有甚者，有些人每月领着 2 万多元的工资，但依然剩不下钱。

这种状况很危险！

攒钱，是理财的第一步。如果想攒下一笔钱，以备未来不时之需，就要从现在开始学习，养成攒钱的好习惯，强制自己储蓄。

26 岁的王芳在一家外资公司担任部门经理。王芳追求时尚，喜欢买名牌，坚持的理念就是“潇洒挣钱，潇洒花”。每天她都会将自己打扮得漂漂亮亮出门，领到工资后就会购买衣物、化妆品，或泡吧、旅游、享受生活。李芳不懂攒钱，到年底才发现，自己工作了一年，却光荣地成了“月光族”。

为了摆脱这一身份，王芳开始强制自己储蓄。为了防止自己大手大脚地将钱花掉，王芳采取了零存整取的储蓄形式，半强制性地为自己积累起一些资金；对于定活两便与活期储蓄，都是小额、少量，因为日常生活开支相差不多，完全可以估算出来。

随着时间的推移，王芳有了一笔可观的积蓄，然后配置了一些流动性较强的短期理财产品和存款，积累了更多本金，为未来投资做准备。

资产的积累非常重要，而存钱是最简单也最实用的理财手段。对于职场人士来说，收到工资后，将扣除掉生活的钱，最好以零存整取或基金定投的方式储存进银行。

随着互联网金融的发展，相比传统银行渠道，存钱也有了新的方式。如果把收入比作河流，把财富比作水库，花出去的钱就是流出去的水，只有留在水库里的，才是你的财富。因此要想提高攒钱效果，就要养成量入为出的习惯。过度消费，会使你无财可理。

攒钱的方法很多，其中最简单的方式就是，用你的工资卡做基金或保险的定额定投，每个月定时定额地扣取一定费用，既能起到攒钱的效果，又能起到保障的效果。另外，你每月固定提取工资的10%～20%，存入一个只存不取的账户，长此以往，就能获得一笔额外存款，在你真正急需用钱的时候，才能为你雪中送炭。

1. 生活要精打细算

要想达到攒钱的目标，首先要做好消费规划，正确看待自己的资产情况，控制好每个月的支出，及时调整花销，适度消费，合理花钱，让生活过得更有品质。其次，要把自己的信用卡停掉，控制超额消费；要减少外出吃饭娱乐的次数，养成记账的好习惯，有效控制消费；强制存钱，每月至少留下工资的一半进行存款，或购买收益较高的理财产品，并长期坚持。

2. 资产配置要得当

如果你平时既不会关注理财信息，也没有多少投资经验，就要合理配置自己的小钱，让钱生钱，让投资增值。每月如果有结余，可以尝试一下风险适中的基金、国债等。这些投资方式一般都相对稳健，产品结构简单，不用关注和打理；还可以购买流动性较高的“T+0”货币基金，配置长期和短期投资的理财产品。

节省：理财的根本

工作有很多，但你不一定能胜任，用人单位看重的往往都是应聘者的能力。没钱又没有能力挣钱，怎么办？托·莫尔曾言：“小处不省，钱袋空。”因此，有钱时，要省着花；没钱的时候，更要省着花。

小周正在创业，由于经验少，客户不多，业务无法拓展，为了让公司生存下去，他打算转型。为了减少投入，公司辞退了几个人，但也没有从根本上解决问题，缺少流动资金。

为了找到好的解决办法，他约了朋友吃饭。聊完以后，小周打算买单。

朋友说：“咱们 AA 吧。”

小周说：“这是小钱，而且是我请的你，应该由我来。”

朋友说：“创业不容易，方向不清楚，钱难挣，你要先学会省钱。”

这位朋友，确实值得交。因为他直言不讳地给小周指出了一个问题——他不懂节约。无论企业运作如何，都需要节约。这儿花一点，不在乎；那儿多出几十元钱，不在乎……点点滴滴，积累多了，就会造成巨大的浪费。

许多人对现在的收入不满意，但想拥有，就要付出；而付出了，也不一定就能拥有，还要看个人的能力、心态和条件。

一、省钱的途径

如今，只要一谈到理财，多数人想得最多的是“如何用自己的钱去赚更多的钱”。但是，对于一些资金不多的人来说，反而觉得自己跟理财没关系。这种观念虽然有些片面，但也可以理解。

既然觉得赚钱难，为何不从省钱开始。对现有的钱财进行合理调配，理性消费，积少成多，就能省下一大笔钱。

那么，在日常生活中，又该如何省钱呢？日常生活中，要想省钱，可以采用以下几种方式，如表 2–1 所示。

表2–1　省钱的方式

方式	说明
团购	大约从2010年开始，国内开始掀起团购热潮。采用这种购物方式，消费者就能用低于零售价格的团购折扣价购买到让自己心仪的商品或服务。其实，这就是"薄利多销"原则的运用。互联网的兴起，尤其是移动互联网的迅猛发展，让团购得到了快速发展。消费者买商品时，货比三家，就能买到价廉物美的商品，省下很多钱。比如，看电影、吃饭，或者娱乐，都能节省一笔钱。积累起来，就是一笔不小的收入，省下的就是赚到的
优惠券	为了吸引回头客，为了激励消费者再次到自己的店铺消费，在消费者消费完后，有些商家会赠送一些优惠券，使用这种方法最勤的当数饮食行业。因此，出去消费的时候，可以留意这家店有没有优惠券，如果有，就要跟店家索要。通常，商家的优惠券会设定为10元、20元、30元等，当然不同的优惠价格也会对应不同的消费总价。需要提醒的是，优惠券的使用要根据自己的实际情况来定，不能为了优惠券而特意跑去消费。否则，就不是省钱，而是浪费了
网购	在网络上购物，确实省钱。如今，很多人都喜欢网上购物，看看公路上你来我往的快递员就知道了。但网上购物平台众多，必须多比较，找到更便宜的那一家；如果确实不知道，网购时也要货比三家。因为同样一种商品，在不同平台，价格确实不一样。虽然各价格的差距不会很大，但如果想省钱，依然可以考虑。总体来说，网购的价格确实比线下实体店便宜一些，比如，有些衣服，网购价格便宜很多，质量也不错，并不比专卖店销售的差。因此，为了省钱，平时就可以到网络购物平台去看看

续表

方式	说明
信用卡	适当使用信用卡，也可以省钱。有些商家规定，用哪类信用卡刷卡消费，可以打个折扣。当然，这一点还取决于商家跟发卡行的合作模式。所以，平时可以根据自己的消费习惯，留意哪类商家、哪家店有这样的活动。此外，使用信用卡还可以帮你赚钱。道理很简单，你拿1000元直接去购物，这1000元就没有利息；如果用信用卡支付，就可以用这1000元来获得利息。到了信用卡还钱期限时，再还钱也不迟。当然，不要逾期还钱，否则会留下不良的信用记录，影响以后的贷款
拼车	拼车，是出行中不可或缺的一种出行方式，不但环保，还省钱。如今，网上约车的App已经有很多，比如顺风车、滴滴拼车、拼啦等。用拼车的方式出行，可以为自己省去一大笔钱
超市折扣	生活中，有时候超市会在特定时间内，对某类商品进行折扣售卖。如果要买哪种商品，平时觉得贵，就可以在这个时间段去买。通常，能够打折的东西，都是菜类或时鲜之类，屡试不爽。有时候晚上跑完步经过一个超市，恰好就是打折的时间点，顺便就能少花点钱买到自己要的东西
合理囤货	这里的囤货并不是一种东西一次性买一堆，用都用不完，而是说一些日常用品能多买点就多买点，毕竟经常使用到，比如牙膏、牙刷等。多买，不仅会有优惠，还能省去后续的购买时间

二、不要走入省钱的误区

虽然我们提倡省钱，但不能为了省钱而省钱，更不能走入省钱的误区。以下是常见的几种误区。

1. 随时都买便宜货

很多人买东西时，喜欢购买便宜的，觉得只要买便宜的，就能省钱，特别是一些网上购物平台横空出世以后，更是让很多喜欢追求便宜的人发挥到了极致。但是，买便宜货一定省钱吗？未必。例如，衣服或鞋子，即使购买十件质量较低的，也不如一件经典款。购买的质量较低的商品不仅样式不好看，也不耐用，穿不了几次，就会被扔在一旁，不仅浪费金钱和时间，堆在家里还会占地方、影响心情。俗话说："宁吃仙桃一口，不吃烂杏一筐。"因此买东西时不能只看便宜，还要买自己喜欢的、质量有保证的产品。

2. 没用的东西都舍不得扔

自从网络上盛行"断舍离"的概念后，很多人都开始扔掉家中不用的东西，该扔的全部扔，为生活腾出足够的空间。但是，也有些人就做不到这一点，舍不得扔，坚持"绝不扔"。例如，牛奶已经过期了，却舍不得倒掉，结果吃坏了肚子；买了一大堆不喜欢的鞋，堆在屋子里、柜子里、地板上，把屋子搞得又乱又挤，自己却不穿，搞得自己心情很糟，影响工作效率。这样就曲解了理财，为了省钱而伤害自己的身体，就有些得不偿失了。

3. 抠抠搜搜过日子

省钱上瘾的人很容易犯一个毛病：做什么事都是抠抠搜搜的，这里想着怎么省钱，那里想着怎么省钱，结果因为省钱误了大事。例如，一个人去面试，赶上雨天，公交车迟迟不来，好不容易来了一辆，也挤满了人。眼看就要迟到了，但为了省钱，也不打出租车，结果面试迟到，给面试官留下一个不守时的印象。阅读过简历后，面试官原本对他的印象还不错，可是就因为这次迟到，让他丢掉了不错的工作机会。

三、科学花钱的方法

为了省钱，该如何花钱呢？当然要使用科学的方法了。

1. 跟自己做生意

所谓“跟自己做生意”就是，通过花钱，不断地让自己“占便宜”；在“花钱”这件事上，绝不做赔本买卖，自己花的每一笔钱，今后都要双倍赚回来。例如，为了学习剪辑视频，专门花 1 万元购买了一台高性能电脑，这时候不仅是购物，而且是一次投资，完全可以利用这台电脑扩大再生产，赚 10 万元、20 万元甚至 50 万元。事实证明，每花一笔钱就想着如何把这笔钱赚回来，肯定会越花越多。

2. 舍得花钱应对风险

现实中，即使是幸福美满的家庭，也可能被一场大病击垮。其实，只要科学花钱，就能保护自己的钱袋子。举个例子，老王辛苦一年能挣个七八万元，朋友劝他给自己买一份保险，因为他是家里的顶梁柱。老王想到家里有孩子正在上学，还想给孩子改善一下伙食，就没买。后来，老王患了重病，需要做手术，费用不低，老王不仅花光了家里的积蓄，还欠了很多债。其实，如果老王提前花几千元给自己和家人购买大病保险，就能获赔，钱就不用发愁了，积蓄也能保住。

3. 舍得花钱投资自己

父母经常教育我们说“钱要花在刀刃上”。比如对自身价值进行投资，特别是个人能力的投资。当今社会，对个人的知识能力要求非常高，要想在激烈的社会竞争中胜出，就要不断地学习，提升自己。所以，对于读书、听课、学习等花费，一定不要吝啬，要多投资。

合适：根据自身风险承受能力，选择合适的理财方式

社会在进步，人均财富在增加，理财产品也不断增多，越来越多的人开始进行投资理财。许多人将注意力放在理财技巧和金融知识上面，以为只要努力学习理财技巧和金融知识就能获取更多财富。其实，除了理财技巧和金融知识外，还要关注自己对风险的承受能力。

如今，市场上可供选择的理财方式很多。例如，银行储蓄、股票、债券、基金、保险、收藏、外汇、房地产等。众多理财方式，各有优缺点，但究竟选择哪种呢？就要看看自己对风险的承受能力了。

一、影响个人选择理财方式的因素

理财方式众多，年轻人根本不用纠结哪种方式更好，应该先明确

哪些因素会影响到你的选择。概括起来，这些因素主要有四个，如表2-2所示。

表2-2　影响个人选择理财方式的因素

因素	说明
收入	虽然任何资金都能参与理财，但是个人收入的多少决定了理财力度。如果收入来源只有工资这一项，就应选择风险相对较低、符合自身财力的理财方式。如果收入来源有很多，比如业余外快、股份、分红等，就可以酌情考虑一些风险相对较高、加杠杆的、超过自身财力的理财方式。拿基金为例，收入多、资金量大的人，可以购买100万元起点的私募基金产品；收入较少、没有那么多存款的年轻人，可以购买投资门槛低、历史业绩好、由专业基金管理人管理的阳光公募基金
年龄	年龄是一种无形的资产，代表着阅历，往往年龄越高，阅历也越丰富。比如，20多岁的年轻人，一般都家庭负担较小，所以，抗风险能力更强，偶尔失败也不用怕，还有许多机会可以重来。因此，年轻人可以选择风险相对高同时收益较高的理财方式。退休后的老人，最看重稳妥，不想大起大落，可以选择保守一些的方式，比如储蓄
性格	“三岁看老”告诉我们，性格因素在人的生命里占据着重要地位。性格决定个人的兴趣、爱好和知识面，也决定着是保守型的，还是激进型的，进而决定着个人的理财方式。比如，从兴趣角度来说，如果你喜欢房子，就买房子；如果你喜欢保险，就买保险。从知识面来说，如果掌握着丰富的股票知识，可以投身股市
职业	个人从事的职业决定了能够用于理财的时间和精力。如果职业要求在工作时间要高度集中，而无暇关注资本市场信息，比如医生，多数时间都用来面对病患或手术台，自然也就没有闲暇时间来关注理财市场信息。不及时了解到理财信息，就无法及时对市场做出反应，自然也就无法合理地取舍理财方式

二、选择适合自己的理财方式

只有适合的，才是最好的。同样，只有选择适合自己的理财方式，才能提高理财效果。那么，究竟哪些理财方式是适合自己的呢？参考角度主要有这样几个方面。

1. 厘清财务状况

财务状况包括个人或家庭的收支情况、储蓄情况、有无购买理财产品等。比如，一个人或一个家庭有较高的收入，且持续稳定，储蓄的资金也比较多，可以选择的投资渠道和理财产品也会比较多；反之，如果个人或家庭的收入不高，储蓄也不多，可选择的投资渠道和理财产品就会比较少。只有厘清了财务状况，才能确定有多少资金可以用于理财。

2. 考虑自身年龄

年龄是一种阅历，也是一种财富。不同的年龄阶段所承担的责任不同、需求不同、抱负不同，承受能力也会不同。因此，可以将人生投资理财分为探索期、建立期、稳定期和高原期四个时期，每个时期的理财要求和理财方式也不相同。

（1）20～30 岁，探索期。该阶段，人们一般都身体健康、思想成熟，具有较高的风险的承受能力，完全可以采用积极成长型投资模式。

（2）30～50 岁，建立期。该阶段，年轻人一般都结婚生子，家庭成员逐渐增多，风险承担能力相对较低，如果要理财，就要选择相对保守但能让本金快速成长的理财方式。

（3）50～60岁，稳定期。到了这一时期，子女多数已经成年，生活压力减少，是赚钱的最佳时期，可以选择风险较高、个人能承受的理财方式。

（4）60岁以后，高原期。在此阶段，多数投资者都会将自己的大部分资金投放到比较安全的、有固定收益的投资项目上，在风险较大的理财方式上投入较少。

理财，可以通过安全性（风险性）、收益性、流动性等三个维度来优选适合自己的理财方式。当然，还要根据投资人的自身倾向来考察平台，并做出真正适合自己的科学理性的理财决策。需要注意的是，理财不是赌博，不要幻想一夜暴富，一定要保持稳定的理财心态，要契合自己的投资方式和风险承受力，如此，才能增加更多的收益。

要想正确了解自己的理财偏好，可以做做下面这套理财风险测试。

小测试：你适合选择哪种理财偏好？

请在每道题目中选出你认为最符合自己想法和行为的答案，并记录。

1. 你今年多大？（　　）。

A.55岁以上　B.45～55岁　C.30～45岁　D.30岁以下

2. 你打算的投资年限为几年？（　　）。

A.1 年以内　B.1 ～ 5 年　C.5 ～ 10 年　D.10 年以上

3. 你的投资经验如何？（　　）。

A. 无。除银行活期和定期储蓄存款外，基本没有其他投资经验

B. 有限。具备购买国债、货币型基金等保本型金融产品投资经验

C. 一般。具有一定的证券投资经验，需要进一步的指导

D. 丰富。是一位积极和有经验的证券投资者，喜欢自己做出投资决定

4. 你曾经或正在做的是什么投资产品？（若有多项，选风险最大的一个）(　　)。

A. 无　B. 债券、基金　C. 股票　D. 期货、权证

5. 按照你的预期，5 年内收入应该处于什么水平？（　　）。

A. 预期收入不断减少

B. 预期收入保持稳定

C. 预期收入逐渐增加

6. 你的投资目标如何？你对市场波动的适应度如何？（　　）。

A. 无风险。我希望本金绝对安全，对短期市场波动感到不适应，希望得到无风险收益

B. 低风险。我希望本金绝对安全，能接受 2 年内较小的波动，愿意得到大于定期存款的回报，承担部分收益减少的风险

C. 中风险。我喜欢平衡的方式，喜欢投资兼具成长性和收益性的产品。我能接受负面波动，能在 2 年以上（包括 2 年）的投资期内获得远高于活期账户、定期存款的收益

D. 高风险。我希望投资增长，并获得最高回报。我可以接受短期负面波动，愿意承担全部收益、包括本金可能损失的风险

7. 如果有机会通过承担额外风险（包括本金可能受到损失）来增加潜在回报，你会如何做？（　　）。

A. 不愿意承担任何额外风险

B. 愿意用部分资金承担较小的额外风险

C. 愿意用部分资金承担较大的额外风险

D. 愿意用大部分资金承担大的额外风险

8. 你准备投资的资金占总资产多大比例？（除自用和经营性财产外）(　　)。

A. 小于 10%　B.10%～30%　C.30%～50%　D. 大于 50%

9. 你是否投资失败过，最大本金亏损是多少？（　　）。

A.5%以内　B.5%～20%　C.20%～50%　D.50%以上

评分标准：

A.1 分；B.3 分；C.5 分；D.7 分。

风险等级：

A. 保守型（14 分以内）；B. 稳健型（14～28 分）；C. 平衡型（28～46 分）；D. 积极型（46～60 分）；E. 激进型（60 分以上）。

类型描述如表 2-3 所示。

表2-3　理财类型描述

类型	说明
保守型	这种投资人一般都不愿意接受暂时的投资损失或极小的资产波动，有些人甚至还不愿意接受投资产品的下跌。最适合的理财方式是储蓄
稳健型	这种投资者风险偏好较低，愿意用较小的风险获得确定的收益，愿意承受或能承受少许本金的损失和波动，适合低风险的理财产品
平衡型	这种投资人愿意承担一定的风险，重视投资风险和资产升值之间的平衡，主要目标是资产的升值。为了实现这个目标，他们会主动承担风险，选用以互联网理财、货币基金等为主的固定收益型产品，风险小，但收益率相对较低；或者外汇、黄金、大宗商品等浮动收益型产品的组合，风险大，但收益率比较高。两者互补，既能提高收益，又能降低风险
积极型	为了获得高回报的投资收益，这种投资人通常都能承受投资产品价格的显著波动，投资的主要目标是实现资产升值。为了实现这一目标，他们可以承受巨大的资产波动风险和本金亏损风险
激进型	这种投资人通常都能承受投资产品价格的剧烈波动，也能承担这种波动所带来的结果，投资目标主要是取得超额收益，愿意承担更大的投资风险和本金亏损风险

多样：不要固守一个，理财方式一定要多样化

在当今的理财市场上，品种多如牛毛，让人目不暇接，人们对投

资的态度也迥异。比如，有些人不了解个中状况，会仓促投资；多数投资者都喜欢随大流，看到别人做什么，自己就跟着做什么。

其实，不同的人可以采用不同的理财方式，理财品种的组合也只是表面形式，需要独立思考。

美国曾有一家银行因违规营业以及财务上的问题，被联邦政府勒令关闭。公司被接管后，立刻通知存款人前往提款。美国银行有10万美元的存款保障，银行倒闭时客户的存款若在10万美元以内，就不会受到损失。可是，许多人的存款超过10万美元，有的甚至高达上百万美元，结果损失惨重。

这个故事告诉我们，个人和家庭在进行资产配置时，一定要选择多种方式，尽量做到多元化投资，分散风险。

所谓理财就是通过一系列金融工具，妥善安排，使人生中每个重要的时刻都有钱来应对。做到现在有钱，将来也有钱。

相对于投资而言，理财更追求稳定，在确保万无一失的前提下再追求一定的收益。比如，5年后买房子，10年后孩子结婚，20年后开始养老等，都需要一笔钱去应对。理财方式单一，一旦出现意外，就会手忙脚乱，甚至四处凑钱，让自己陷入被动地位。

对于股票、基金、保险、期货、信托、黄金、艺术品等理财品种，仅了解其名称及简单说明还远远不够。这只是冰山的一角，冰山的秘密却在于水下部分。将所有的资金都投入到一个理财产品上，一旦失败，满盘皆输，应该做多手准备；进行资金安排时，不能孤注一掷，要为自己多留几条后路。

一、家庭资产配置要合理

喜欢踢足球的人都知道，一支足球队离不开前锋、中场和后卫。而在资产配置中，股票、基金等投资就是前锋，任务是获取高收益，增加家庭财富；而存款、保险、债券等理财品种就是守门员和后卫，能保证家庭资产的安全。

在一个家庭的理财规划中，要拿出大部分资金购买非风险类理财产品，比如：债券、保险、储蓄等，这类理财产品适合长期持有，是家庭维持稳定生活的基础，可以满足退休、医疗、养老、子女教育等需求；基金、绩优股等理财产品，风险较低，适合中期持有，收益相对较高；期货、外汇等理财产品，风险较高，只能短期持有，只能拿出部分资金购买这种理财产品。

在具体的资产配置比例上，可做如下安排：保险，控制在家庭年收入的 20%；银行定期存款、银行极低风险理财产品、基金定投等，控制在家庭年收入的 30%，涨幅不太明显，能满足家庭生活各阶段的不同财务开支需求；股票、股票型基金、债券市场等产品，风险高，收益也高，控制在家庭年收入的 10%；房屋月供和家庭日常生活开支，控制在 40% 左右。

采用这样的配置搭配，不仅能获得相对较高的收益，抵御通胀造成的资产贬值；而且当家庭需要大额现金开支时，就能拿出钱来。

二、理财方式可以多样化

个人理财，可以选择的理财方式有以下几种。

1. 银行存款

基于对银行的信任，人们一般都会将辛苦攒的钱存在银行。工资一般都由公司直接发放到个人银行卡里，很多人懒于打理，平时购物，就直接刷卡；如果确实需要现金，才会去自动柜员机上取钱。钱在活期账户里放着，不仅会损失收益，还会增加账户被盗的风险。

如今，网上银行盛行，不仅操作很便利，还有手机客户端，只要花几分钟的时间动动手指，就能转存成定期存款，提高资金的安全性，利息也会多一些。千万不要小看这些小钱！因为财富都是一点点积累起来的。只要超过 50 元，就能存一份定期存款，不要等着攒到 1000 元或 10000 元时再存，因为攒钱不容易，活期里的钱花着才方便。而且，到银行办业务，总会遇到某些销售人员，他们会以理财经理的身份向客户宣传理财产品，实则是某款保险，因此遇到不了解的产品，千万不要急着签约。

2. 放些现金

持有适量现金，是最重要的一种理财方式。手头拿着现金，可以随时取用，异常方便，最受中老年人的喜欢。唯一的不足是，一旦发生通货膨胀，手中的现金就会以我们看不见的方式贬值，所以需要控制一下具体的资金额度，只要能满足平常的小额支出即可。

3. 商业保险

保险虽然不能改变风险的发生时间，但发生风险时，可以让我们减少压力，渡过难关。当然，选择合适的保险也需要一定的专业知识。从本质上来说，保险就是“保障”，还是一种独具确定性的保障。保险不是用来挣收益的，而是用来保证在风险发生时的现金流的。

4. 货币市场基金

货币市场基金是一种基金，但与其他种类的基金相比，安全性和流动性要高很多。

（1）本金安全。货币市场基金只能投资于货币市场工具，只能投资购买 1 年以内的国债、金融债、央行票据、债券回购等低风险证券品种，风险极低，基本上可以忽略不计；基金面值永远保持在 1 元 / 份，购入和赎回都不需要支付任何附加费用，不会亏本。

（2）流动性强。这种基金随时可以购买和赎回，但一般都有工作日（周一至周五）和早 9 点至下午 3 点时间段的限制；购买后，会在第 3 天进入个人基金账户，余额宝也不例外，只不过是将交易时间扩展到了全天 24 小时、一周 7 天，随时可以存入，但不会立刻开始计息。如今很多基金公司已经实现了一定额度的赎回实时到账，只要几分钟，钱就能回到活期账户上。

（3）收益率相对银行储蓄高。货币基金的收益一般比活期储蓄高，有时还能超过定期储蓄。提前支取定期储蓄，会损失利息，只能获得活期利息。但是，货币市场基金每天都是按照当天的本金总额计算利息的，即使本金减少了，也会给你赎回前的利息。每天的利息收入都会进入你的账户再生利息，利滚利，时间长了，额度也是异常惊人的。

5. 低风险投资

每个人对本金损失的心理承受能力都不一样，对“低风险”的界定也就不尽相同。因此，选择投资项目时，要综合考虑收益率和时间长短、中间有没有急需用钱而中止的可能性等因素。投资项目，可以选择稳健型基金、国债、短期理财产品等，由银行、基金公司和第三方理财公司来打理。

6. 高风险投资

高风险投资主要有黄金、股票、收藏品、房产……但是，在具体选择时，要慎重。

（1）一定在里面放闲钱，即使赔了，也不会影响生活。千万不要将养老钱、保命钱等都放到里面。

（2）高收益确实诱人，但要考虑一下自己能不能承担对应的风险。

（3）选择该项目时，最好找专业人士帮着分析一下。

熟悉：最好不要涉足自己不懂的领域

投资理财，最重要的就是收益，这也是我们投资理财的最终目的。但只要是投资都有风险，只不过有的大些、有的小些罢了。要想巧妙地规避风险、实现利益最大化，就要投资自己熟悉的领域。

罗伯特是美国著名的个人理财专家，他乐于助人，帮助很多美国人成为百万富翁。

在一次小型研讨会上，为了更好地说明问题，罗伯特将一块蓝绒珠宝衬垫放到桌面上，然后在中间放了一把形状特殊的镊子、一个用来鉴定珠宝的放大镜和 50 颗晶莹闪亮的石头。

摆放完毕后，罗伯特解释说："这些石头光彩闪亮，但并不都是钻石。这里一共有 50 颗，其中假钻石有 49 颗，真钻石只有 1 颗。哪位能将真钻石找出来，我就把它送给你。有没有人想试一下？"

听了他的话，大家情绪激荡，都想参与。

罗伯特又做了补充："每个人只能试一次，时间只有 60 秒。"

众人站起来，轮流上台，都没有找出真钻石。大家让罗伯特揭示寻找真钻石的秘诀，罗伯特答应了。

罗伯特将所有的石头都翻过来，琢面向上，平面向下，一共花费了55秒。然后，他从上方往下看钻石，立刻就发现了真钻石。

大家感到很纳闷儿，罗伯特解释说："其实，不管是谁，只要将钻石如此整齐摆放，都可以简单迅速地找到真钻石。因为所有的假钻石都是完美的，只有真钻石上有个小瑕疵——有一小块炭，致使真钻石对灯光的反射与假钻石略有不同。这个不同很明显，仅用肉眼就能辨别出来。"

找到了秘诀，人们都想再试一试，可是罗伯特拒绝说："很抱歉，你们已经错过了机会。你们不知道寻找钻石秘诀的方法，一无所获。而我知道，自然就成功地找到了真钻石。"

这个故事告诉我们：所有的人都有自己熟悉的领域，有自己的能力，这一能力能让人以最快的途径赢得成功。罗伯特熟悉辨别真假钻石的能力，自然就能很快地找出真假钻石，而其他人则对这方面的知识有所欠缺，所以他们错过了机会。

不管涉足哪个行业，关键就在于"熟悉"二字。如果你对某个行业很熟悉，只要认真研究它的规律，抓住它的发展趋势，就可以进行投资了。如果你足够聪颖，又赶上了好时机，自然就能大赚一笔；反之，就要多了解一下投资领域的规律，巧妙赚钱。

李彦宏刚创建百度时，在美国IT界电子商务非常火爆，很多人都涌入了这一行业。可是，他没有随大流进入电子商务领域，而是选择了自己比较熟悉的网络搜索，虽然当时很少有人对该领域问津。

很多人都劝他专注网络游戏、短信等，但李彦宏并没有这样做，而是坚信：自己从事的领域发展潜力巨大，只要对搜索领域不断翻新即可。

李彦宏的投资经历说明，一个人只有在熟悉的领域发展，才可能取得丰硕的果实；只有做自己熟悉的事情，才能更好地引领行业发展，获得最大的成功。

任何项目都不是短时间内可以掌握的，不要把一个行业想得太简单，不懂就不要马上着手去做，行业经验非常重要。如果你对某个领域不熟悉，无论别人赚多少钱都不要跟风。

有句俗话叫“隔行如隔山”。虽然各行各业都紧密联系在一起，但是各行业之间都存在很多隔阂和区别，各行业都有其自身的经营之道。所以，投资理财就要选择自己熟悉的领域，绝对不能盲目从事。离开自己熟悉的领域，涉足热门的、流行的领域想要“一夜暴富”，是很不切合实际的想法。

投资自己熟悉的领域，不仅可以有效评估投资风险，避免不必要的损失，还可以实现利益的最大化。用熟悉的方法在自己熟悉的领域理财，才能更加得心应手，才是最安全和保险的；否则，在不熟悉的领域行走，一旦遭遇欺诈或经营失利，很可能会导致血本无归。

对于自己不熟悉的领域，不要盲目，要坚信一句话：宁肯“放过”，也不要“错过”！比如，在艺术品和收藏领域，门道特别多，如果不是特别懂，最好不要涉足。

对投资者来说，要想获取财富，只确定大方向还远远不够。因为各投资领域不仅千差万别，还处于不断的发展变化中，只有从自己熟悉的领域出发，不断学习、不断思考，努力捕捉投资的契机，才能收获财富。事实证明，只有在自己熟悉的领域，遇到问题时，才能自己解决，而不用求助别人；同时，也只有自己懂得，才能很好地预测今后的市场行情走势。

投资理财是一项金融活动，有一定的专业性。投资理财不是赌博、不是买彩票，需要掌握一定的投资理财知识和技巧。因此，投资者在进行投资理财时，应该多学习一些基本的金融和理财知识，尽量选择自己比较熟悉的领域。

第三章　科学管理家庭资产，方能成就财富增值

选用合适的记账工具，记录收支明细

俗话说：“吃不穷，穿不穷，不会算计一世穷。”今朝有酒今朝醉，日子就会过得拮据；精打细算，日子就会宽裕。幸福的家庭需要精打细算，把生活往细处过，做好理财，才能满足不同时段的需求，比如房子、日常生活、孩子的教育等。同样是月薪5000元刚毕业的小伙子，5年后，有的人在市区买了婚房，准备结婚安家，有的人却还不敢谈女朋友，这就是差别。其中一个重要原因就是，前者懂得记账。

美国历史上第一个亿万富翁是大卫·洛克菲勒的爷爷老洛克菲勒，在他们家族的家训中，有一条是坚持记账，因为老洛克菲勒就是

记账员出身的。

老洛克菲勒刚开始工作时，第一年支出大于收入，他便在记账本上写下了“支出超过薪水 23.26 美元”。了解了自己的财务状况，就能为以后的开支做规划了。

老洛克菲勒还会将礼品开销记下来，比如，“买花的钱一次是 60 美分，一次是 50 美分，一次是 1.5 美元；买订婚钻戒 118 美元；婚礼费 20 美元；结婚证 1.1 美元……”很多人都认为他小题大做，但老洛克菲勒却不以为意。老洛克菲勒对成本核算格外敏感，他曾给一个炼油厂的经理去了一封信，提出质询：“为什么你们提炼一加仑花 1.82 美分，而其他炼油厂干只要 0.91 美分？”

通过查阅账本，老洛克菲勒能够准确、迅速地了解各分公司的成本、开支、销售和损益，简直就是统计分析、成本会计、单位计价学的大师。

自他之后，记账成了洛克菲勒家族的传统，家族的每个人都需要记账。靠着这种精打细算的习惯，他们家族历经百年而不衰。

记账，确实能让我们更好地了解自己的财务状况。将每一笔收入和支出都做好记录，并在月底进行汇总，时间长了，就能对自己的财务状况了如指掌。认真分析自己的账目收支状况，就能知道哪些支出是必需的，哪些支出是可有可无的。之后，对各项支出进行合理安排。

老子曰："天下难事，必作于易；天下大事，必作于细。"家庭理财，就要从记账开始。

郭女士是一位"金领"，她觉得记账并不重要，只是小打小闹。她收入不低，但碍于面子从来不记账，更轻视那些有什么都记下来的人。可是，随着岁月的积累，她才发现事情不是这样，身边不少女性朋友都在记账，而且个个都目标明确。

郭女士意识到记账是明智之举，开始记账。半年之后，她对家庭财务情况有了更全面的认识。她对自己每个月的资金分配进行了调整，提高了自己承受风险的能力，减少了总负债，金融资产净值也逐步由负数向正数转变。

事实证明，记账可以改善家庭的生活品质，促进家庭财务的收支平衡，知道自己应该花什么钱、如何花这些钱。记账并不是一项重复琐碎的工作，可以为家庭分析财务状况提供数据。因此，每个月的数据都是家庭理财中的最佳分析对象。

概括起来，记账目的一共有三个：一是了解自己的收支情况；二是分析自己过往支出的规律和收入的变化；三是对未来收支进行规划。很多人之所以认为记账没用，是因为他们并不清楚记账的目的，即使坚持记账，也不了解自己的收支情况，只是为了记而记，记完后什么印象都没有。

记账最直接的作用就是，改变家庭成员的理财观念，使家庭减少不必要的支出，让你尽早拥有让“钱生钱”的资本。没有钱，即使制订了再好的计划，也是空谈；通过记账，才能逐渐迈向自己的计划目标。

记账工具主要有以下几个。

1. 单式记账法

这是最原始的记账方法，基本上只记录收入项和支出项。

对于多数人来说，收入项一般都比较少，只有工资和奖金等；而支出项比较多，比如买菜、购物、旅游等。但是，这种方法并不需要记录资金是在哪些账户里流动的。比如，在菜市场买菜，人们会用微信支付；在淘宝网购物，会用信用卡来支付。两笔钱通过不同的金融平台支付，但采用这种记账法时，都只能当成支出项来记录，不用区别对待。

2. 复式记账法

复式记账法比较专业，即将每笔收入或支出都登记在两个或两个以上的账户中。比如，在超市买菜用现金支付，就要记录“现金账户”金额减少、“支出项”金额增加。

只有这种记账法，才能将资金在各账户中的流动真正体现出来。从一定意义上来说，也只有采用这种方法，才是真正在记账。

3. 增加投资项目

如今，投资项目太复杂，后台要对接股票、基金、外汇等一大堆数据，每天还要实时更新，多数记账 App 都只能记录流水账，包括对投资项目的记账，无法体现对具体投资项目的管理。其实，只要掌握一定的专业理财知识，手头持有各种投资品种，就能做好投资项目的记录与管理。

如今，仅用记账 App 的功能还不够，还要借用更专业的电脑记账软件，比如，“财智 8”记账软件。这款记账软件是一款纯粹的、专业的记账工具，虽然操作起来比较复杂，但只要持续使用，就会越来越顺手。

4. 做预算及合理分配资金

能够做到这一步，一般都已经连续记账了很长一段时间，至少对家庭的日常收支和资产状况已经非常熟悉。这时候，为了提高资金的使用率，就要做好预算，合理分配资金了。

举个简单的例子：

经过一年的记账，你知道了家庭的月平均支出，扣除这部分支出，剩余的钱就可以用于投资。此外，根据支出数据，还要准备好 3 ～ 6 个月的紧急备用金，然后再将其他闲置资金用于投资。缺少前面的记账数据，不仅无法做到这一点，更无法精准地设计预算方案，资金利用率也无法提高。

另外，只有搞清楚目前的资产配置状况，才能根据市场变化来合理调配。如果目前你的资产配置比例是：股权资产和债权资产各占50%，但你更看好股权类资产，完全可以根据具体的资产比例来做调整。如果不知道自己拥有资产的数量和种类，就无法进行调整。

记住，只有选用合适的记账工具，了解收支状况和资产配置比例，才能做出完善的理财规划。

制订一份详细的理财计划书

既然有了存款、目标和理财产品，就要制订一份详细的理财计划书了。

小王大学毕业后，应聘到一家IT公司工作，月收入1万元。他想在2年内购买一辆10.5万元的汽车，决定将钱存起来，可是该如何规划呢？

假设小王每月开销6000元，剩下的部分存入银行，2年后，小王能存下9.6万元，要想购买汽车，还需要9000元。根据测算，小王每个月都投资4000元，2年后存款要想超过10.5万元，就要找到年化收益率5%以上的理财产品。

因此，在制订理财计划前，小王应当考虑2年以下的短期投资，比如周期较短、流动性好的国债基金和货币基金，方便赎回应急。同时，还要预留20%资金博取高收益，比如配置指数型基金，可以采用定投方式建仓。

当然，这只是一个例子，在实际理财计划的制订中，不同年龄段的投资者，目标不同，风险承受能力也不同，要根据自身的实际情况而定，围绕投资周期、预期收益、最大风险承受能力等几个维度来制订理财计划。

经验告诉我们，只有合适的投资理财规划书，才能让你拥有更多的财富，过上更有品质的生活。那么，理财规划如何制订呢？概括起来，投资理财计划主要包括以下几项内容。

1. 居住规划

“衣食住行”是人类最基本的四大需要，而“住”是投入最大、周期最长的一项投资。房子给人一种稳定的感觉，只有住在自己的房子中，人们才会觉得自己真正有了属于自己的家。买房子是人生的一件大事，很多人辛苦一辈子就是为了拥有一套房子。买房前，要做好规划，计划好首期的资金筹备与每月的按揭缴纳。

2. 教育规划

早在20世纪60年代，经济学家就把家庭对子女的培养看作一种经济行为，即在子女成长初期，家长将财富用在子女的成长上，让他们获得良好的教育；子女成年以后，可获得的收益远大于当年家长投入的财富。事实证明，受过良好教育的人的收入和地位都要比没受过良好教育的同龄人高出很多。从这个角度看，教育投资也就成了个人财务规划中最具回报价值的一种，几乎没有任何负面效应。

因此，从孩子出生起，就要为他们进行教育规划了。比如，0～3岁的启蒙教育、3～6岁的幼儿教育、6～12岁的小学教育，以及之后的中学教育、大学教育等，为每种教育设定好资金投入、教育重点内容等。

（1）强制储蓄。没有储蓄，教育规划也就无从谈起。为了积累资金，可以每月或每年定期存入一笔资金；也可以选择银行定存或风险较低的优秀基金定投。这种方式适合经济基础比较薄弱的家庭。

（2）单笔长期投资。如果家里有一定的资金，比如，10万元或20万元，用于子女教育金储备，就可以选择一次性单笔投资，比如，长期购买银行理财产品、国债等，做一些稳健型的投资，实现增值。

（3）购买子女教育保险。对于这种方式，不建议多数家庭选择，因为这种带有收益和返还性质的保险，需要每年缴纳保费，会给家庭造成一定的负担。即使有条件购买教育金保险，父母也要先将自己保障好。

3. 保险规划

在所有财务工具中，保险是最具防御性的，不仅可以积累现金价值，还可以提供偿债能力，如果投保人遭遇了风险，无法在未来的岁月中继续增加收入以偿债时，保险就能够为他立刻创造钱财。

规划保险理财时，要注意以下几个事项。

（1）购买保险理财产品前，要保持清醒的头脑，对自己的资金状况、预期收益、风险偏好和承受能力、理财目标等做全面评估，然后再根据个人实际状况，选择适合自己的产品。

（2）制订保险理财规划前，要充分了解各公司投资连结保险的作用和操作方式，不能只听他人的一面之词。

（3）制订保险理财规划时，要充分了解产品及其购买渠道。

4. 投资规划

投资规划一般分为实物投资和金融投资。其中，实物投资包括有形资产，例如，土地、机器、厂房等的投资；金融投资包括各种金融产品，例如，股票、固定收益证券、金融信托、基金产品、黄金、外汇和金融衍生品等。

投资规划的工作步骤如下。

（1）客户分析。了解客户的风险承受能力、投资偏好和及投资目标；制定客户投资状况调查表，主要包括投资组合、风险偏好、收入支出、投资目标等。

（2）资产配置，包括战略资产配置和战术资产配置。战略资产配置，即确定证券资产、产业投资、风险投资、房地产投资、艺术品投资应该分配的比例；战术资产配置，即对各类资产做短期调整。在具体操作中，要根据客户的投资目标来配置资产。

（3）证券选择，选择股票组合、债券组合、基金组合，形成完整的投资组合。

（4）投资实施，注意交易成本、交易规模和风险管理。

（5）投资评价，包括投资组合的收益评价和风险评价，要根据评价结果，适时调整投资规划方案。

5. 税务筹划

个人税务筹划，是指在纳税行为发生之前，在不违反法律、法规的前提下，对经营活动或投资行为等涉税事项做出事先安排，达到少缴税和递延纳税目标。

虽然纳税是公民的法定义务，但纳税人总是希望尽可能地减少税负支出。跟投资规划、退休规划和遗产规划一样，税收规划也是整个财务规划过程中的基本组成部分，首要目标是确保通过各种可能的合法途径来减少或延缓税负支出。

6. 退休计划

许多老人进入 60 岁之后仍然身体健康，而最新的生命科学技术有望使人类的寿命更加延长，在 21 世纪，“百岁老人”会更加普遍。那么，如何才能让自己的晚年过得幸福、安全和自在？答案就是较早地进行退休规划。

7. 遗产规划

个人财产终将从一代转移给下一代，制订遗产规划，就能高效地管理遗产，并将遗产顺利地转移到受益人手中。无论是否愿意，每个人都会死，通过遗产规划，就能明确这些内容：怎样才能使你的财产最大限度地留给后人呢？进入了重病期时，如何保证后续的治疗费用呢？由谁为你的配偶和子女做好以后的安排呢？如此，就能为你的财产规划画上一个圆满句号。

杜绝通胀带来的资产“缩水”隐患

通货膨胀，最直接的后果就是货币贬值，物价上涨。如果工资或财富无法保持相应的增速，生活质量就会下降。而在个人理财过程中，同样不能忽视了对抗通货膨胀带来的资产缩水风险。

2020年年底，加拿大皇家银行经济研究所（RBC Economics Research）高级经济学家内森·詹森（Nathan Janzen）表示，2021年，许多商品可能继续带来许多价格上涨，2021年，很多东西可能更贵。

加拿大的食品价格报告预测，总体食品价格将大幅上涨 3% ～ 5%。研究人员预测，对于一个四口之家来说，与 2020 年相比，2021 年这一支出可能会攀升 695 加元。

这就是经济学上的通货膨胀现象。作为普通老百姓，我们该怎样认识通货膨胀呢?

通货膨胀，就是货币相对贬值。简而言之就是，在短期内钱不值钱，固有的数额，不足以购买原来相同数量的东西。比如，同样是猪肉，过去 20 元一千克，涨到如今的 26 元。

环顾四周，如果发现多数商品的价格都上涨了，就可以断定通货膨胀确实发生了。

关于通货膨胀，经济学里有一个经典的故事。

一个人来买粮食，说："粮食的价格太贵。"

卖粮食的人说，因为面粉贵了。

卖面粉的人说，因为油条和面包贵了。

卖油条和面包的人说，因为他们要吃猪肉，猪肉太贵，他们必须提高价格来增加收入。

卖猪肉的人说，因为生猪太贵，肉自然就不便宜。

养猪的老大娘说，因为粮食贵，生猪就贵。

如此循环，找不到哪个环节是最初的根源，但问题可以归为一处：供给的缩减或不足与需求的过度扩张。一个环节的供需失衡，会直接导致其他环节都提高价格，之后整个社会的价格都会上涨。无论是由粮食稀缺造成的，还是由养猪的少了引起的，不管怎样，需求扩张带来物价上升，都会直接带动相关产业的提价。如此，在不知不觉中，手头的财富就大大缩水了。

严重的通货膨胀发生后，人们都会迅速将持有货币变为固定资产，无论是黄金白银，还是房产，可能会出现“抢购”现象，造成严重后果，因此通过黄金白银和房产赚钱的思路往往行不通。要想赚钱，还可以将剩余资产投入股市，选择几只股价较低的股票长期持有，当通货膨胀危机过去，原本不被看好的股票也很可能大幅上涨，大赚一笔。

可见，如果发生严重的通货膨胀，要想避免资产缩水，首先要做的便是将货币折换成稳定的固定资产或相对稳健的他国货币。在资产投资分配中，要结合风险性以及收益性合理划分各类投资产品所占的份额，形成更加稳健、更加广阔的财富收益增长空间。

如果不想跑输物价的增长，就要进行一些资产投资。那么，什么资产能够抗通胀呢？

1. 房产

关于房产，前面已经提到。

首先，要区分自住房产和投资性的房产。刚需用房首先满足的是居住需求，升值不是主要目标。那么，投资性的房产能否抗通胀？作为一种资产，房屋确实具有一定抗通胀属性，但房产的类型、区域、限购政策等都会对房价造成不同程度的影响。所以，不仅要看到房屋的投资属性，还要看到其背后的风险。

一般来说：（1）小户型优于大面积，平层优于别墅；（2）限购城市住房价值大于非限购城市；（3）改善性住房要优于普通住房。

2. 黄金

黄金是个不折不扣的避险资产，在过去 20 年，，黄金价格涨幅很多，黄金是大类资产中跑得最好的资产之一。对于多数普通人来说，黄金主要作用不是对抗通货膨胀，而是家里需要有一些“压箱底”，以供不时之需。如果家里生活条件不错，就可以储备一些黄金；遇到特殊时期，更要储备一些。

3. 股票

说起股票，有些人的反应是，怎么 20 年才涨了这么点？有些人的反应是，股市不是应该都赔钱吗？从价值角度来说，持有股票，就能分享企业在经营中持续创造的利润；从交易角度来说，持有股票，就能凭借差价来实现资本利得。但从抗通胀的角度来看，普通投资者完全可以通过基金形式参与股票，原因有二：（1）术业有专攻，多数优质基金都能跑赢市场；（2）可以有效规避个人短期的追涨杀跌风险。

4. 另类投资

另类投资指的是投资于传统的股票、债券和现金之外的金融和实物资产，如证券化资产、对冲基金、艺术品等。但这类资产也有较大的风险。

（1）另类投资要考虑流动性风险，即好不好卖出。比如，你投资了字画，卖出或变现，都需要找到懂得的人或喜欢的人，但这样的受众很少。

（2）不同的时代背景，资产抗通胀的能力也不同。但是，在经济的波动中，收藏类资产的价值也可能产生巨大偏差。所以，为了抗通胀，就要谨慎对待。

5. 负债

负债确实可以抵御通胀，比如，房贷、车贷等都是固定金额，通胀水平越高，从理论上来看，只要处于新的购买力水平下，人们就能够受益。当然，也不能为抵抗预期通胀而都成为负资产。一句话，抗通胀需要将自己的风险偏好和实际需求结合起来。

不同类型的资产，价值和功能也不同。比如，基金大概率可以赚钱，但全仓买基金的人很少；房子投资比重大，但容易受政策等外部环境影响；黄金可以避险，流动性较好，但不会产生利息；优质红酒，会随着时间持续上涨，但不好出手。

通胀对负债是利好，但如果比重太大，也要面临巨大的风险。因此，要提前估算抗通胀的预期，采取多元化配置，满足家庭理财的多样化需求。

记住，不管用哪种资产对抗通胀，只要发生了通胀，现金多半都会缩水。

第四章　人生的不同阶段，理财各自有妙招

单身期（20～25岁）：初入职场，做到收支平衡最重要

20～25岁，很多人都是初入职场，走出学校的大门，开始了自己迈入社会的新生活。刚参加工作，工资通常都不高，如果花钱大手大脚，没有计划，不懂节省，就可能入不敷出。因此，为了维持生活，在该阶段最应该做的就是保持收支平衡。

对于意义重大的第一份薪水，不同的人会做出不同的安排。对于职场新手来说，能否从工作伊始培养良好的理财观念和习惯，关系着此后几十年的工作生涯。

李妍2019年硕士毕业后，应聘到一家民营能源企业，试用期工

资有三四千元。她觉得，自己已经毕业，不能再伸手跟父母要钱，于是每月领到工资，都会刻意地去存钱，该花的花，不该花的不花。

当同事拿着第一个月的薪水去吃自助餐、买衣服时，她也只是稍微犒劳一下自己买了支口红，给父母买了身新衣服，然后就将剩下的钱存进了银行。

初涉职场的新人，可能角色没有完全转换过来，工资也不高，即使领着工资，也还会向父母伸手要钱。不懂合理规划，每月都当“月光族”，一旦遇到急需要大笔钱的地方，就无法应对了。因此，在控制自己消费的同时，要制订一份合理的储蓄计划。比如，扣除生活必需费用，将剩余的钱存进银行；也可以开通 1 ～ 2 只基金智能定投，将闲置资金进行基金投资，为自己未来的发展储备资金。如果你的工资很高，还可以购买适度的意外及重大疾病人寿保险，以免发生意外情况后影响到自己及家庭的生活。

财富增值的第一步是积累，对于 20 ～ 25 岁的年轻人来说，需要养成量入为出的用钱习惯，强制自己储蓄。但是，仅知道存钱储蓄还不行，还要养成良好的消费习惯，实现个人的收支平衡。既然要理财，就要从第一笔收入、第一份薪水开始，建议如下。

1. 量入为出

为了对自己的收入进行有效控制，不做“月光族 ”，可以建立一份理财档案，对自己的月收入和支出情况进行记录，看看自己究竟将钱都花到哪里了。然后，对各项开销情况进行分析，看看哪些是必不可少的开支、哪些是可有可无的开支、哪些是不该有的开支。

另外，还要控制自己的消费欲望，逐月减少可有可无、不该有的消费。比如，不要没事的时候就刷购物网站，应尽量少逛商场；更不要看到某件商品降价了，就去买。对于确实需要购买的某种商品，也要选择价廉物美的。

2. 别盲目赶时髦

年轻人一般都喜欢追求时髦、赶潮流，可是这也是需要付出代价的：看到路牌广告上出现了一则奶茶广告，就去买一杯；听说某服装店出了新款，就去买；看到某个饰品很时尚，也赶快掏钱……这种事情做得多了，钱就会如流水般逝去，当然存不下钱来。

互联网时代，高科技产品更新换代的速度很快，时尚流行元素也稍纵即逝，很可能你刚买的一部新款手机，过年就不流行了，喜欢追求时尚的你，自然就不愿意用了。这难道不是浪费？与其将自己的精力和金钱都放到这些事情上，还不如琢磨一下如何理性消费。

3. 强制储蓄

将现金放到手里，很容易花掉，再加上微信支付的盛行，让我们花钱的行为更加无度。如果想控制自己的消费欲望，可以到银行开立一个零存整取账户，每个月领到工资后，拿出部分工资存入该账户，强制自己不花，以备将来的不时之需；一旦积累到一定数额，还可以设立一个定期存单，需要用钱时，再到银行支取。

家庭规划期（26～35岁）：事业蓬勃发展，设立理财目标是关键

有这样一个案例。

周女士研究生毕业后，不仅找到了满意的工作，还结了婚，如今已经工作一年，月工资 1 万元，孩子刚出生。丈夫在一家公司担任部门经理，年薪 20 万元。

丈夫对股票投资兴趣很大，准备在半年内还清 5 万元的债务，然后将全部资金投进股市。而周女士为了让孩子从小就接受到最好的家庭教育，想辞去工作，做全职太太。

周女士算了一笔账：每个月他们的家庭支出大约为 1.5 万元，欠有外债 5 万元、房贷 200 多万元（20 年）。双方父母四人，都已经 60 岁高龄，都没有养老保险，需要他们两人共同赡养。

周女士觉得家庭经济压力比较大，她犹豫了，自己是否要离职。

通过分析，可以发现：周女士和丈夫都有工资，虽然收入颇丰，

但家庭经济负担很重，家中无存款，应该尽快确立理财目标、调整收支计划。

双方家庭一共有四位老人需要照顾，老人年龄较大，再买保险已不划算，需要从家庭开支中预留出部分资金作为应急备用金，专门为老人看病或应付家庭临时开支储备。

周女士和丈夫的月工资为2万多元，而家庭开支每月高达1.5万元。孩子现在还小，随着年龄的增长，花的钱会越来越多，比如饮食、玩乐、教育等，任何一项都离不开钱，因此周女士最好不要辞职。

两口之家变三口之家，投资要更加多元化，把家中的剩余资金都投入股票市场，是极其危险的。一旦股票被套，家庭应付突发事件的能力就会大大降低。

到了26～35岁这一阶段，年轻人的工作已经步入正轨，这时候可能考虑更多的是发展事业、谈恋爱、结婚……而这些事情都是需要一定的资金做支撑的。因此，为了让自己在该年龄段不受穷，为了更便于事业的发展，就要设定一定的理财目标，为将来做准备。

一、26～35岁如何投资理财

对于26～35岁的人来说，如何投资理财呢?

详细分析一下自己目前可以支配的资金，包括收入、主要支出等情况。要想确定理财目标，先要对自己的财务状况进行分析，这样做对于理财目标的确定、规划及执行都有利。

多读书，多学习，不仅要学习投资理财知识，还要了解其他方面的知识。读书是提升自己的一种重要方式，也是对自己的投资理财。对于 26 ～ 35 岁的人来说，多投资自己，将来自己的财富才会越来越多。

结识更多的朋友，扩大人脉圈子。人际交往会花费自己一些时间和金钱，却能收获更多的资源和人脉，帮助自己找到合适的项目来投资。

将自己的收入分为几份，拿出三分之一去投资理财。理财项目可以选择基金、股票、证券等，具体要选择哪个，可以根据自己的兴趣爱好来决定，还可以根据自己的抗风险意识等进行安排。

拿出部分积蓄进行储蓄。虽然储蓄的利息不高，但储蓄依然是一种稳定的理财方式。按照自己可支配的资金数额，可以拿出其中的五分之一来进行定期储蓄。

如果自己的资金很充足，可以委派给专业人士来打理。将投资理财全部委托给专业的投资理财顾问，也是 26 ～ 35 岁人群投资理财的一种方式。

二、设定理财目标很重要

到了 26 ～ 35 岁，如果你还没有积蓄，就要好好反思一下了；如果存款还不到 10 万元，就要有一点危机感了。这个时期最重要的是，对目标进行量化。比如，需要花多少钱？需要多久来实现？

那么，如何正确理财呢？可以采用以下方法。

1. 设立理财目标

既然要理财，就要设定合理的理财的目标，比如，买新家具、学习、买房、买车。此外，还要明确以下两点：需要积累多少存款，需要什么时候做到。

2. 理财多元化

厘清自己的收支情况，设置一个新的账户，储备半年的生活费，然后将剩余的资金一分为二：一半投资到长期定投指数组合等产品，另一半投资基金、股票、黄金等风险较高的产品。

家庭经营期（36～55岁）：清楚家庭的财务状况，合理规划家庭资产配比

相比年轻人，36～55岁的中年人背负着更多的负担。

人到中年，已经积累起了一定的家庭财富和实业资源。事业稳定、现金流充足，具有一定数额的储蓄，可预见的未来也十分平稳，各方面的能力和需求都比较均衡。但是，该群体的事业也已经基本稳

定，收入增长到了瓶颈期，未来持续增长的机会有限。

家庭、孩子、父母、事业，每项都是中年人身上的负担，必须考虑更稳妥的生活和投资方式。一场大病、一次意外、一个投资失误、一次冒险创业，很有可能让一个中年家庭之前积累起来的财富毁于一旦。

到了 36 ～ 55 岁阶段，做好风险的控制和预期，就显得尤为重要。资产配置中考虑更多的，应该是如何保值和增值。

一、合理规划家庭资产配比

要想规划好自己的财富，就要树立终身学习的思维，并掌握资产配置的技能。不能妄想通过炒股一夜暴富。

不同的投资产品，风险、收益、流动性各有不同，要通过资产配置，建立适合自己的投资组合，让资产价值最大化。

36 ～ 55 岁，考虑到生活的压力，再加上个人精力的减退，不可能再像以前那样冒险投资。为了减少亏本，就可以尝试以下四种财产分配：第一种用于储备养老金；第二种用于准备大病费用；第三种用于旅游休闲；第四种用于为儿孙存留资产。如果家庭净资产比较丰厚，可以抽出较多的余钱来发展其他事业，如购买房产等。如果家里有一两套住房，家庭经济不宽裕，工作收入是唯一经济来源，在目前房屋租赁市场价格较稳定的情况下，可以将非住房租出去。

36 ～ 55 岁的人，孩子已经长大，要为子女存一笔教育基金，可以采取分散投资的方式。比如，至少拿出20%的资金购买风险较低的理财产品，如债券型基金和银行理财产品等。对于孩子的教育基金，可以采取教育储蓄和基金定投的方式，为孩子积累大学教育金；同时，还要适当配置指数型基金和封闭式基金。

这时候，如果还有余钱，可以适当购买保险。比如，夫妻二人的健康险、重大疾病险、意外险等。

当然，不管你如何规划，都要先搞清楚自家的财务状况，合理规划家庭资产配比，不仅要考虑车、房、保险等方面的投入，还要明确子女教育金、养老金、双方父母赡养费等一系列长期目标。

二、选用合适的理财工具

36～55岁的人，要着眼于长期增值，保持和改善未来的生活水平，以实现未来及当下的养老、子女教育等长期财务目标。持家立业的阶段，求稳才是上策。

在条件允许的情况下，将每个月的收入按照自身情况分为三部分，一部分用于还贷还款，一部分用于理财投资，一部分作为日常支出。选择理财产品时，拿出收入的10%投资于高收益高风险的品种，比如股票等；拿出20%投资稳健的品种，比如固定资产理财。最合理的情况是，将最终的综合年化收益目标定位为10%。

家庭甩手期（56～60岁）：保重好身体，将资产增值放在第一位

56～60岁这个阶段的人，很多面临着退休养老的问题，现金流趋于稳定和下降，对抗风险的能力也大幅降低。人们少了追逐大富大贵的野心，考虑更多的是如何安度晚年，如果有可能，甚至还想为子孙留下一笔财富。这时候，该如何理财？答案就是，保重好身体，努力实现资产增值。

而要想实现这一点，就要努力降低风险资产的配置比例，提高流动性资产的配比。对于家人生病、小孩出国留学、结婚等事项，要提前做出资金规划。

1. 风险分散

投资，有机会，更有风险，将所有的资金都投到一个项目上，过于集中，不仅不利于财富的稳健增值，遭遇风险的概率也会加大。而56～60岁的人理财，目的就是更好地为晚年生活提供保障，因此更要分散投资。不过，即使是分散投资，也不宜过多，选择2～3个项

目进行投资为宜。

2. 投资不能贪

贪心是投资理财的大忌。56～60岁已经到了差不多快退休的年纪，投资理财应该偏向于稳健型；同时，还要将投资进行多元化处置，分比例配置银行理财产品，比如固定收益类产品、部分大额存款等。产品收益达到预期后，要适时收手，不要贪多。

3. 保养好身体

不管什么时候，身体都是最重要的。过了50岁的年龄，人的身体各方面功能都会慢慢衰老，更要保重身体健康。除了社保、医保等社会保障外，还可以给自己购置一份商业意外险或人寿险，在疾病发生时，就能减轻一些经济负担了。

4. 适当消费

为了给孩子创造更好的生活，很多人一辈子都忙忙碌碌，省吃俭用。过了50岁的年纪，孩子已长大成人，该吃的苦也都已经吃过，该花的钱还是要花的，因为适当的消费有利于提升自己的生活质量，也能让孩子更放心。

5. 买些保险

天有不测风云，人有旦夕祸福。任何人都不知道自己在下一刻会遭遇什么，所以，为了让自己的晚年生活得从容，每个人都应该有一份保险。除国家统一的社保外，如果还有余钱，最好额外再买一份商业保险，比如意外医疗险。

选择时，要格外关注保障范围，尤其要注意是否包含老年人意外骨折等医疗险。在意外医疗保障做足后，可以购买一份适合自己的住院医疗保险。当然，购买住院医疗保险时，要格外关注住院医疗给付额度以及赔偿方式。最后，如果还有能力，可以再购买一份重大疾病保险。

在56～60岁这个知天命的年纪，每个人对怎么理财都有自己的想法，如果心中已经有了计划，就不要再拖延，要立刻行动起来。

退休阶段（60岁以后）：安享晚年，最好选择稳妥型理财产品

老年人退休之后，会积攒下一些存款或退休金，但面对社会的变化和各项支出的不断增加，老年人同样也有“以钱生钱”的理财需要。

李老和老伴的退休工资每月近万元。老两口平时生活并不苛待自己，和老朋友聚会，外出探亲访友，甚至出国旅游，就这样，一年也

能存上 3 万元。

李老在理财上是这样处理的：拿出一半积蓄，用于固定存款和购买国债；拿出四分之一积蓄，用于炒股和购买低风险理财产品；拿出四分之一积蓄，购买黄金和保本理财产品。目前看来，虽然李老炒股亏了一些，但总的来讲，并没有影响到两人的正常生活。

李老购买过的风险最大的理财产品，是信托理财产品。虽然风险挺大，但收益高。第一年的利息超过 10%，第二年降到 9%，第三年只有 7% 多一点……后来跌到 7% 以下，他就没再参加了。

李老夸自己是一个"稳妥人"，虽然对理财有兴趣，但从来不会失去理智。

辛苦工作了一辈子，攒了些小钱，平平淡淡这么多年，早已不求大富大贵，之所以要理财，目的也只是希望能安稳度过晚年生活，顺便赚点小钱。

退休以后，要想合理地理财，需要谨记以下这几条。

1. 盘点资产和财富

退休老人首先要弄清楚自己的收入和支出，仔细检查目前的资产，包括实物资产，比如房子等，以及非实物资产，而古董或知识产权、专利、稿费等，更要认真考虑估计现有的价值。

2. 留下保命钱

无论何时都要记住，先留保命钱最重要。如果患有慢性病，就要多留一些医药钱。有些老人可能会有依靠子女养老的想法。千万不能这么想。不是说孩子不孝顺，而是他们都已经成家立业，有自己的小生活，谁都有需要花钱、用钱的时候，完全依赖子女，把所有经济压力都压给他们，并不是安全稳妥的方法。

3. 拿部分活钱投基金

留了足够的保命钱后，可以拿出多余的钱购买部分基金。当然，对于老年人来说，最好不要选择那些高收益高风险的产品，保本型基金才是最优选择。可是，既然不能选择高风险高收益的产品，那为何不直接把钱存为定期存款呢？因为，一般的固定收益基金的收益率，相较银行的定期存款要高一些。对于手上有点闲钱的老人来说，也是一种增加收入的好方法。

4. 关注理财的安全性

老年人理财，一定要考虑到安全性。所以，选择平台的时候，要更多地考虑选择银行。如果可以使用网络，具有一定的网络基础，可以使用安全、合法的网络平台。基金投资方面，应选择公募基金平台。老年人本金都是晚年生活的保障，是一生的血汗钱，必须选择有公信保障的平台。

5. 理财更要理性

老人能有理财之心固然很好，可是一定要把握好其中的度，为了理财挣钱，花费大量的时间、精力和财力，导致身心俱疲，就得不偿失了。比如，有些理财方式过多、过于烦琐，年轻人尚且很难应付，更何况老年人？因疏于管理而受到财产损失，或因费心费力而造成过度劳累，都是非常不划算的。

6. 休闲生活的投资

为了提高晚年生活质量，减少生病住院的概率，老年人不要整天只知道节衣缩食，要适当增加用于外出旅游、运动健身等方面的投入，保持良好的身体状态和精神状态，进行科学有度的健康、文化类消费，这样也能给儿女减少负担。

7. 委托专业人士来理财

退休后空余时间多了，但个人的身体状况和意愿都有不同，自己实在不想操心理财，可以委托家人、亲戚、朋友及专业人员为自己理财。不过，委托前要签有效的保证书或委托协议书。

退休之后理财，要注意几个问题，如表 4–1 所示。

表4–1　退休之后理财的注意事项

问题	说明
不熟悉的产品不要投	理财市场日新月异，新产品不断推出，老年人对复杂产品和高风险产品的认知，多数都会出现障碍，理解起来相当困难，所以一定不要选择这类产品，自己都搞不清楚、看不懂，稀里糊涂投资，风险就会加大

续表

问题	说明
不要贪小便宜	为了吸引老人，有些非专业机构会打着“免费、限量、赠品、促销”等宣传口号，利用老年人“贪便宜”的心理，让老人购买。天上不会掉馅饼，一定要谨防上当受骗
不要轻信高收益	有些产品，看起来高收益，但风险也不低，因此不要轻信宣传，尽量选择传统金融机构的低风险产品进行理财

第五章　选择合适的理财产品，赢得最大收益

基金：一种广受欢迎的投资方式

有人曾问过这样一个问题：如何一年什么都不干就能让年收入翻倍?

对于这个问题，过去看起来，可能难以实现。但是在过去的 2020 年，如果购买了一只优秀的基金，收益就可能达到这一目标。数据显示，截至 2020 年 12 月 31 日，2020 年以来实现业绩翻倍的权益基金高达 89 只，业绩最好的基金大赚了 160% 多。同时，权益基金的平均收益率也达到了 44.82%，超越了几大股指。

由于基金收益的日渐丰厚，再加上像银行和金融机构，以及购买基金的渠道越来越多，基金的销售也越来越火爆。个人理财，也可以抓住这一契机。

基金指具有特定目的和用途的资金，一般提到的基金主要是指证券投资基金。简而言之就是，大家都想投资理财，但是个人的能力、资金有限，由大家一起购买，积累起一大笔资金。之后，找专业人士来操作。

基金公司会委派专业的基金经理来替大家投资，买股票、债券等。

一、基金理财的特点

投资基金，主要有以下几个特点。

1. 门槛很低

基金的投资门槛比较低，购买银行理财产品一般有 5 万元以上的起购额；而理财基金，有的是千元起购。

2. 费用极低

理财基金，不用缴纳认购、申购和赎回手续费，只收取少量的管理费、托管费和销售服务费。据媒体统计，货币基金的年费用率约为 0.43%，理财基金的平均年费用率约为 0.36%，总体来说，购买短期理财产品，投资数额不会太高。

3. 购买自由

银行理财产品是一期一期购买的，买卖时间有限制。而理财基金的买卖有两种模式：一种是只要申购了，在任意交易日都可以购买；另一种是类似银行理财产品，定期开放申购和赎回。市场上的理财基金，多数都是第一种模式。

4. 定期开放

理财基金都有一个运作期，在运作期没有到期之前，无法赎回；只有到期后，才能赎回。理财基金的运作期限包括 7 天、14 天、28 天、30 天、60 天、90 天等，对于各类理财基金的开放日一定要提前了解。

5. 风险相对低

理财基金对自身的投资品种和久期（持续期）有严格的限制，不能投 A 股和可转债，只能投 397 天以内的央票、短期融资券、协议存款等期限短、安全性高的品种。所以，风险相对低，与货币基金相当。

6. 单位净值始终为 1 元

基金的估值，采用的是跟货币基金类似的摊余成本法，其单位净值和货币基金类似，始终为 1 元，收益按每日计算，按期结转。

7. 自动滚存

基金都有一个期限，如果到期不赎回，你的本息会自动变成理财基金份额，滚动到下一期进行投资，不会出现收益空白期。

二、怎样选择理财基金

个人进行投资理财时，很多人都会选基金，那买什么基金好呢？这是很多人感到比较迷茫的。尤其对于一些理财新手来说，毕竟很多基金理财产品都是不保本的，投资者在买入时更会面临一定的风险。

1. 分析自己承担风险的能力

购买基金时，要对自己承担风险的能力尽心分析。如果不想亏损本金，可以购买货币基金，因为货币基金属于稳健型理财产品，发生亏损的概率极低，风险基本上可以忽略不计，且购买的渠道也非常多。

如果用户能够承担高风险，可以选择股票型基金，投资后发生亏损的概率相应较高，不过股票型基金得到的收益也非常高。为了避免亏损后影响个人正常生活，在购买基金理财产品时，最好使用个人的闲钱。

2. 对基金有一定的了解

投资者在购买基金理财产品之前，要对基金有一定的了解，比如基金的分类、购买不同种类基金后面临的风险。基金常见的类型有货币基金、债券基金、混合基金、股票基金。这里，风险会依次增大。

3. 选择基金净值低的位置介入

投资者在购买净值型基金理财产品时，最好选择基金净值低的位置介入，后期获利的概率才能增加。同时，买入后要注意净值的变化，选择在净值高的位置卖出，可以获得不错的收益。

4. 注意它的投资门槛

很多基金规定了最低投资额度，大多数基金理财产品起投金额为

1000 元，银行推出的基金理财产品大多是 5 万元起投，有的产品甚至达百万元以上。

三、个人购买基金的限额

近些年，基金发展势头火爆，已经成为很多人投资理财的一大选择。基金不同于存款，存款是一种传统的理财方式，风险低，相对应的收益也低，比较稳定。基金作为一种新的投资理财方式，有自己的特点，因此必须针对其特点设定一定的购买最高限额和最低限额。

1. 个人购买基金最高限额

基金的购买最高限额主要取决于银行限额，以及基金公司的限额。如果是基金公司发的基金，为了保护已经购买基金用户的权益，基金公司就会根据情况设置一些额度限制。而银行额度问题，可以找银行客户经理或 App 进行更改。

2. 个人购买基金最低限额

基金投资是分类别的，要看自己倾向于哪种投资。如果是基金定投，一般最低限额为每月投入 100 元。一次性买入的，起买金额通常都是 1000 元。购买基金份额太少，是无法将收益体现出来的。

四、基金的投资策略

基金是目前最主流的理财产品，受到了广大散户的追捧。下面，我们就来解析一下基金的投资策略。

1. 关注大公司

大型或老牌基金公司管理经验丰富，管理团队成熟，可以带来较好的投资收益，同时也可以降低投资风险。为什么要选择同一公司的产品呢？其好处就在于，这类公司的产品线比较丰富，便于相互转换，股市处于调整阶段时，为了规避风险，可以将风险较高的股票型基金转为风险较低的混合或债券型基金，且不需要赎回，手续费大大降低。

2. 合理配置基金组合

在买基金的时候，很多人根本不知道要买的基金是什么类型，风险有多高。

其实，目前基金市场大致可分为这样几种类型：a. 货币型；b. 债券型；c. 混合型（债券 + 股票）；d. 股票型；e. 其他类型。货币型收益大致与 1 年定期对应，但其优点就是可随时赎回，“T+2”日到账，能够得到月复利，债券型基金收益略高（为 2% ～ 5%），混合型基金收益为 5% ～ 20%。

上述类型收益由低到高，相应的风险也由低到高。因此，购买基金前，要做好资金计划。家里资产普通的人，完全可以选择这种组合，即股票型 40%+ 混合型 20%+ 债券型 40%。当然，具体的比例要根据自己承受风险能力来决定。

3. 不要盲目跟风

跟风操作是散户的一大特点，要避免盲目跟风。套用股市里的一句话，“人家贪婪时我退出，人家退出时我贪婪”，既然大家都在买，就应该回避一下，因为这个时候的市场风险是最大的。当然，这里也涉及另外一个问题，即定期定投，这里不再赘述。

股票：小心谨慎，看准时机再进行投资

股票是股份有限公司在筹集资本时向出资人发行的股份凭证。从本质上来说，炒股就是做生意，低买高卖，从中赚取差价。但股票市场流行一句话是“7赔2平1赚”，也就是说，炒股的人70%是长期赔钱的，20%的人勉强不赚不赔，10%的人能够赚钱。

炒股赔钱的原因很多，最大的原因就是搞不清什么是股票，什么是投资，只是跟风进入股市。看到别人赚钱，自己进入股市，不懂股市，必然危险。

炒股是所有投资品种里最难的，只有在最佳时机买卖，才能让自己获利。

一、个人投资者如何选股

股票投资是一把双刃剑，既存在机遇，也存在巨大的风险。那么，个人投资者应该怎么做呢？

1. 量力而行

要看看自己有多少时间投入股票研究。做短线，需要投入大量的时间和精力；做长线，可以长期跟踪几家公司，比较容易掌握，不用经常买进和卖出，相对需要的时间比较少。在满足了资金需求的情况下，如果时间和精力充裕，可以选择短线；反之，如果仅仅是利用业余时间玩股票，就要选择长线。

2. 关注基本面信息

国际动态和国内信息，这些政治、经济、金融等系列变化都会在股市有所显现；技术分析也对股票研判有重要的作用。

3. 根据自己的时间、精力和经验等来选择股票

要因地制宜，走自己的投资路，不要盲目照搬他人经验。股市有风险，入市需谨慎。

4. 不能盲目投资

最好选择自己熟悉的行业。想想：这些行业未来前景如何？哪些因素影响其发展？

对自己的投资策略要有清醒认识：是长期投资、短线操作，还是高风险博弈？

二、个人投资者怎么炒股票？

首先，开户。要在交易时间内，带上本人的身份证和银行卡，去一家证券公司营业部，办理上海和深圳的股东账户卡，在证券公司签

订一系列协议。

然后，去银行办理三方存管业务。

接着，开好户后，可在网上下载该证券公司的交易软件（或下载App），安装，输入你的账户账号密码，将关联的银行卡上的资金导入证券账户。

最后，在交易时间段（周一到周五，早上9点30分到11点30分，下午1点到3点），就可以买卖交易股票了。

三、不买自己不能碰的股票

股市中的投资高手一般都知道在获利后“止赢”，即使预测到了股票的最高点，也不会把股票留到最高点。而普通投资者往往只要看对了行情的趋势，选中了合适的股票，即使股价高，依然还看高，滋生出更多的贪心。结果，往往事不遂人，乐极生悲，还未抛售，股价就会快速下跌。因此，有几种股票，最好不要碰，如表5-1所示。

表5-1　不能碰的股票

不良股票	说明
净资产收益率低的公司	净资产收益率是衡量公司盈利能力的一个重要指标，有的公司虽然有大量无法再产生效益的固定资产等着折旧，但这些资产都是“负资产”，只会降低公司的盈利能力。有的公司让大量的现金“躺”在账户上吃利息，既不分红，也没进行项目投资，或投资的项目长期看不到盈利，资金运用效率低下

续表

不良股票	说明
收入停滞、盈利却大幅增长的公司	对于成长型公司来说，在较长的一段时间（比如9个月以上），如果其盈利增长数额超过甚至远超过销售收入的增长，是非常危险的。这种情况的出现多半都跟会计的人为处理有关，因此一定要对公司财报细节进行认真研究，看看公司到底是怎样从停滞的销售收入中挤压出如此超常规的利润的
股价趋势不明的股票	均线的最大作用是指明趋势的方向，而月均线（30日均线）代表的是中线趋势，大盘月均线方向走平，就说明大盘趋势横盘。股市中只有3种趋势：向上、横盘和向下，既然想赚钱，就要抓住向上趋势操作
出现吊颈线的股票	经过一轮涨升后，股价会在高位出现一条长下影、小实体的图线（阴阳不分），称为吊颈。出现吊颈形态，当天的成交量转为萎缩，说明当天没有量空涨形态，可以进一步印证涨势的不可持续，标志着需要抛出了。吊颈形态遇到以下两个条件时，见顶回落的可能性就非常大：一是吊颈的K线为阴线；二是吊颈的下影线部分比K线实体长两倍以上
没有资金关照的股票	股票的上涨源于资金的推动，没有资金关照的股票是散户行情。这类股票的特点是：涨得不多，一旦大盘调整，跌得更凶，一旦调整，不仅会被打回原位，还要创新低
暴涨过的个股	如果个股行情直冲上天，你再进去，很容易被套。暴涨主要依赖于大资金的推动，一只股票涨到了300%甚至更高，原来的市场主力早已抽身跑掉，新的市场主力不会很快形成，不会有大介入盘马上接手，短期内价格无法上涨，还会下跌

四、提高防御能力

股市有风险，投资需谨慎。而要在股市中获利，就要提高抵御风险的能力，做到以下几点。

1. 从持股上控制风险

投资者持有的股票品种中，主要分为两部分：一部分是用于短线操作的激进型投资品种；另一部分是用于中长线投资的稳健型投资品种。持有股票种类太多，在实际操作中，容易顾此失彼，尤其是行情突变时，更无法应变，为了提高快速应变能力，抵御风险，就要减少持股的种类。

2. 从仓位上控制风险

仓位越重，收益越大，但需要承担的风险也越大。一旦行情出现新的变化，大盘选择向下，重仓者就会面临严重损失。因此，投资者要根据行情的变化决定仓位。如果趋势向好，可以重仓；如果行情不稳定，要适当减轻仓位，持有少量的股票，灵活操作。

3. 从思路上控制风险

投资者之所以容易出现失误，往往是因为对行情的演化缺乏清晰的认识。股市存在大量的不确定性因素，对后市行情发展方向缺乏必要认识，贸然介入，会招致较大的风险。因此，保持清晰的投资思路，是控制风险和获取利润的关键。

4. 从心理上控制风险

在股市投资过程中，容易带来严重损失的，除了行情的不确定性，还在于投资者的心理。行情不稳定时，要保持稳定的心态，不能过于急躁；行情低迷时，要克服悲观心理，积极阳光一些；在行情极度火热的时候，更要保持冷静。

5. 从策略上控制风险

控制风险的最有效策略是止赢和止损，一旦发现股指出现明显破位、技术指标构筑顶部、持股利润在大幅减少甚至已经出现亏损，就要采取必要的保护性策略，及时止损，防止损失进一步扩大。

6. 从操作上控制风险

在某只股票获利抛出后或止损以后，要学会适当等待。看到某股票刚一抛出，就立刻买入，妄想永远持有股票，在行情向好时固然可以盈利，但如果行情不稳定，风险就会无限增大。

债券：选择债券，较低风险，较低收益

政府、金融机构、工商企业等机构直接向社会借债筹措资金时，会向投资者发行债券，未来会按一定利率支付利息，按约定条件偿还本金。从本质上来说，债券就是一种债的证明书，具有明显的法律效力。

购得债券后，购买者与发行者之间就会出现一种债权债务关系，债券发行人是债务人，投资者则是债权人。只不过，债券是一种直接债务关系。这一点不同于银行贷款。银行贷款是通过存款人和银行之间形成间接的债务关系。

最常见的债券主要有定息债券、浮息债券和零息债券。这些形式，都能在市场上进行买卖，债券市场由此形成。

一、如何挑选债券基金

在大类资产的配置中，债券都是稳健型投资的必配品种。可是，个人一般都精力有限、经验不足、资金体量小，不懂挑选投资基金的方法，不仅实现不了增值的目标，甚至还可能失去本金。

1. 关注产品的组合特征

要想了解资产配置的倾向，可以看看某只基金是大比例专注投资一类债券（如企业债、金融债等），还是均衡比例分配投资。关注基金对重仓债券的持债比例，对其风险集中度进行分析，就能将该只基金的组合特征与个人的投资偏好做比对，找到与个人偏好相符的基金。

2. 关注产品的投资团队

购买债券，还要看看基金经理的投资能力、选债偏好、投资偏好和道德操守。对于基金经理投资能力的考察，主要体现为择时能力、行业选择能力、选债能力等。持续优秀的选债能力，是基金获取超额收益的重要来源，要精选选债能力出色的基金。

3. 关注产品结构

除了以上两点，还要了解产品的投资对象和投资比例。比如，对于风险厌恶型投资者来说，可以选择与二级市场无关的纯债债基；风险偏好型的投资者，可以选择与二级市场相关的可转债债基；风险中性的投资者，一般都喜欢有较大确定性的获取收益投资方式，可以选择介于上述两者之间的偏债债基。

4. 关注产品的历史业绩

投资债券，就要关注产品的历史业绩。可以选择这样的基金：第一，在同类产品中中长期（3 年）的排名相对靠前、稳定的基金；第二，选择基金本身历史业绩稳定、最大回撤可控、能满足投资者个人的风险承受能力的基金等。

二、个人如何投资债券

对于个人来说，投资债券的主要途径如表 5–2 所示。

表5–2　投资债券的主要途径

投资债券的主要途径	说明
购买理财产品	个人可以通过购买理财产品的形式投资债券，前提是该款理财产品的最终投向为债券。但需要注意的是，在目前的市场环境下，理财产品基本都是刚性兑付，在购买前，收益率已经锁定，不会承受债券市场波动带来的收益或者损失，门槛值通常在5万元以上
申购公募基金	申购基金公司发行的公募基金（如纯债基金、二级债基、混合基金等），由专业的投资者代替自己进行债券投资，支付给对方一定的基金管理费和托管费等，申购门槛值由各基金自行规定
购买私募产品	比如，资管产品、信托计划、私募产品等，由专业投资者代替自己进行债券投资，购买私募产品，支付一定的管理费、托管费、业绩报酬等，申购门槛值通常在100万元以上

续表

投资债券的主要途径	说明
直接在交易所买卖债券	通过交易所买卖可供个人投资者交易的债券，最低购买金额为1000元

三、债券投资的风险

债券投资的风险主要体现在如下几个方面。

1. 信用风险

债券的信用风险又叫违约风险，如果债券发行人没有按照契约的规定支付债券的本金和利息，就可能给投资者带来损失。

2. 利率风险

利率的变动，也会引起债券价格波动的风险。债券价格与利率呈反向变动关系：利率上升时，债券价格下降。

3. 流动风险

债券具有流动性或流通性，会影响到投资者将手中的债券变现的能力。

4. 投资风险

在市场利率下行的环境中，投资风险就会被无限扩大。

5. 通胀风险

所有种类的债券，都会面临通胀风险，不可避免。

银行理财产品：瞄准银行，选择合适的理财产品

商业银行在对潜在目标客户群分析研究的基础上，就能针对特定目标客户群，开发、设计并销售资金投资，这就是银行理财产品。投资银行理财产品，银行只接受客户的授权管理资金，投资收益与风险由客户或客户与银行按照约定方式双方承担。因此，要想投资银行理财产品，就要选择真正适合自己的。

一、哪些人适合购买银行理财产品

适合购买银行理财产品的人群主要有四类，如表 5–3 所示。

表5–3　适合购买银行理财产品的人群

人群	说明
上班族、业余时间少的人群	投资银行理财产品，并不需要像股票、外汇等每天甚至每时每刻都要盯着，只要做好资金安排即可。如今，很多银行的用户体验已经越来越好，比如设置了还款日历、回款短信提醒、自动投标等功能。如果你平时没多少业余时间，又想投资理财，就可以购买银行理财产品

续表

人群	说明
短期可支配大量资金的用户	与其他理财产品比起来，银行理财产品有着比较显著的流动性优势。目前，很多银行理财项目的投资期限是1～3个月，回款方式也很灵活，资金的流动性较强，理财产品期限有6个月到1年以上不等，适合中长期的理财投资者
散户	炒股，风险大，如果没有丰富经验与专业知识很容易亏损。如果家里有3万～5万元，可以购买银行理财产品，因为银行理财产品没有门槛，大部分平台起投金额低至百元。相对于传统理财，银行理财更亲民，投资门槛低
不懂金融的人	股票、外汇、贵金属等，没有一定的相关金融知识，都不建议操作。相对而言，银行理财更平民化，类似定期存款，到期回款，不需要太多的专业知识

二、个人银行理财产品的选择

选择银行理财产品的时候，要按照以下几个步骤进行。

1. 选择合适的银行

投资者购买银行理财产品，首先要挑选适合自己的银行。挑选银行的时候，一定要参考银行的品牌和口碑度。需要特别提醒的是，购买银行理财产品，一定要到正规的银行营业机构购买。

2. 挑选正确的产品

选择银行之后，投资者要选择正确的理财产品，认真研究欲购买产品的相关条款，根据自身的条件等实际情况进行选择。一般来说，银行的理财产品针对不同层次的客户有不同的投资门槛，有的银行理财产品投资门槛在 5 万元以上，有的却需要投资数十万元，要量力而行。

3. 注意相关细节问题

投资者在购买相关理财产品的时候，一定要注意相关条款细节问题。比如，仔细阅读产品说明书和合同，遇到不懂的细节条款，要及时向银行营销人员询问清楚，免得被相关格式条款误导；要关注理财产品的赎回条件和期限，因为有的银行理财产品不允许提前赎回，有的银行理财产品虽允许提前赎回，但只能在特定时间赎回，且需要支付一定的赎回费用。

三、个人购买银行理财产品的注意事项

投资理财方法有很多，只有制定出适合自己的投资理财方法，选择优质的理财产品，才能为自己的人生添加一份保障。其中，银行理财产品的买卖交易过程看似简单，也有许多学问，为了规避交易过程中的不必要问题，个人在购买银行理财产品时要注意以下几个问题。

1. 认真做风险评测

在银行买过理财产品的人都知道，首次去银行购买理财产品前要进行风险评估测试。根据银监会的规定，投资者只能购买自己相应或更低风险等级的理财产品。比如，你的风险评估结果是稳健型，就只能购买 PR1 和 PR2 两类产品。

为了让客户获得更高风险级别理财产品的客户评级，确保购买产品时不受限制，以提高销售业绩，很多银行理财经理会引导客户，甚至代替客户填写风险评估测试。然而，对于客户来说，买到“风险越位”的产品，本金及收益都可能面临巨大风险。因此，一定要认真对待风险评估测试，不能走过场，不要轻信理财经理的一面之词。

2. 预期收益率不等于实际收益率

银行理财产品收益率是投资者在购买时最为关注的指标之一，但预期收益率是指银行在发行理财产品时对产品最终收益率的估值，并不代表银行理财产品到期的实际收益率。

为了吸引投资人，银行经理在销售时往往会避重就轻，一味地强调最高预期收益率，减弱了风险提示。比如，结构性理财产品虽然预期收益率较高，但收益波动很大，且不确定，笔者认为，不要过分关注预期收益率。

互联网理财产品：利用互联网理财，注意安全风险

如今，对于互联网理财的监管越来越严格，但并不代表没有风险，市场上还是有一些浑水摸鱼的平台。购买互联网理财产品，一定要选择安全可靠的平台，因此一定要关注以下几个因素。

1. 注册实缴资本

从一定程度上来说，注册资本可以直接呈现公司的实力。现实中，一些平台注册资金是上千万元，实缴却只有几十万元，要对这类平台提高警惕，需要更加谨慎和注意了。为了保险起见，就要选择注册资金实缴比较大的平台。

2. 理财项目

市面上的理财产品琳琅满目，如果你是第一次购买互联网理财产品，就要选择上市企业的项目。当然，还要切记，高收益伴随高风险。首先，需认清自己的风险承受能力；其次，要选择一个适合的收益范围。

3. 平台是否有银行资金存管

如今，合规的理财平台都有银行存管，国家要求各家平台不仅要对接存管，存管银行还需要在白名单中。

4. 管理团队

平台的管理团队是体现平台风控实力的决定性因素，最好自己进行实地考察，看看平台人员的整体素质以及相关的专业程度怎样。

5. 平台评价

购买互联网理财产品，可以查看平台在业内的口碑、荣誉、报道，以及在搜索引擎上的口碑。

6. 风控团队

平台的风险控制实力非常重要，选择国有金融机构风控的平台，比较有安全感。

7. 平台资质

购买互联网理财产品，首先应该看平台网站的备案、域名合法等信息。

当然，在选定平台后也不要急于大量投资，可以尝试投资 1 ～ 2 个月短期产品，借机深入了解，考察一段时间后，可尝试投资中期、长期产品。

第六章　擦亮眼睛，不要走入个人理财的误区

理财，其实很简单

学习理财并不是一件困难的事，却让很多朋友担忧。不得不承认，理财知识丰富的人，进行个人理财的时候，可能会更加得心应手一些。但是，这并不代表着，不具备专业知识的人就不可以理财。

想要学会理财，就要努力学习关于理财的知识。掌握了一些技巧后，就会发现，理财其实很简单。

一、个人理财的原则

进行个人理财，要坚持一些原则，如表6–1所示。

表6-1　个人理财原则

原则	说明
做真实的风险评估	去银行购买理财产品，很多人都会提交一份风险评估问卷或在网上下载一份类似问卷。需要提醒的是，千万不要为了拿到高收益的产品，故意将自己的风险承受能力提高。既然想理财，既然想实现财富的增值，就要做一个真实的风险评估
确定风险承受能力	去银行或网上做风险测评，一定要选择真正适合自己的，即使未来面临亏损，也能承受。确定了自己的风险承受能力，再选择相应的产品
设定一个投资目标	有了目标，再去选择类似的产品，比如，想让这笔钱一年增值20%～30%。当然，对于个人理财来说，设定一个理财目标，并不是简单地确定一个收益预期目标，它要涉及现有财产，需要想办法保住它；还会涉及一些家庭规划，比如子女的教育、自己退休养老等
重视未来风险	购买高收益的理财产品，就要关注风险，先看看某类产品或某家公司究竟存在多大的风险、该风险是否可控、能不能通过一些手段去化解
建立投资策略或理财模型	不要把全部的钱都放到一类产品中。如果你手里有1000万元，完全可以拿出100万元来投资股票；但如果你只有100万元，全拿来投资股票，而你又没什么经验，就很容易遭受损失。所以，最好拿出一半钱放到保守的产品上，再拿另一半钱去投资股票

二、掌握理财知识

现今社会，理财的观念已经深入人心。但是，理财，仅看收益率和风险等级还远远不够，要多学一些理财知识。

1. 关注专业媒体和新闻

如果想在理财方面有专业建树，就要看一些专业媒体。而新闻，更要多加关注，因为国家很多政策的调整都会对理财市场产生重大影响。

2. 跟经验丰富的人交流

这是最快的获得相关知识、经验的渠道。多吸取他们的经验，就可以少走很多弯路。但是，在学习的过程中，也不要过分迷信别人说的，毕竟一切还要看自己的考量。

3. 多看一些正规的理财网站

每家理财网站的设计和风格都不一样，只要对比它们的信息，就能学到很多有用的知识。如今多数理财平台都有自己的 App，学习知识自然就更方便。

理财，需要长期坚持，才能看到效果，要多积累经验，切勿盲目投资。

三、投资理财组合

1. 投资“一分法”

这种理财组合方式一般适合于困难家庭，可以选择现金、储蓄、债券作为投资工具。

2. 投资“二分法”

这种理财组合方式通常比较适合较低收入者，可以先选择现金、储蓄、债券作为投资工具，之后再适当购买少量保险。

3. 投资“三分法”

这种理财组合方式比较适合于收入不高但稳定者，投资组合为

55% 的现金、储蓄或债券，40% 的房地产，5% 的保险。

4. 投资“四分法”

这种理财组合方式适合于收入较高、风险意识比较弱、缺乏专门知识与业余时间的人。投资组合为 40% 的现金、储蓄或债券，35% 的房地产，5% 的保险，20% 的投资基金。

5. 投资“五分法”

这种理财组合方式适合于财力雄厚的人。投资比例为现金、储蓄或债券 30%，房地产 25%，保险 5%，投资基金 20%，股票、期货 20%。

理财，大家都可以参与

一提起理财，很多人都会认为这是有钱人才做的事。的确，有些理财门槛的确很高，比如银行理财产品一般门槛 5 万元。但是，随着理财产品的种类越来越多，理财产品的门槛越来越低，很多产品已经做到 0.01 元起购。

理财，并不在乎钱多钱少。如果你 20 岁时，一个月存 30 元，按 10% 的复利来计算，当你 65 岁的时候，会有 31 万元！所以，理财和钱多钱少没有关系。

钱多有钱多的理法，钱少有钱少的理法。钱少的人，可以将自己的收入做个分配，每月拿出 5% ～ 10% 理财，通过时间和复利的力量，将会收获一笔不小的财富。

今年 25 岁的夏可在一家公司做行政工作，月薪 6000 元。虽然薪资不高，但夏可和父母同住，每月去掉补贴家用的 2500 元，剩下的钱都可自由支配。

按照夏可以往的消费习惯，经常“月光”。为了改掉这一习惯，夏可从 2019 年起开始着手理财。可是，由于缺乏理财方面的知识，只能从最基础的做起，比如，储蓄、记账等。但一年过去了，夏可依然没有看到自己的财富有多少增长，且当中还遇到很多问题。

从决定理财开始，夏可就下载了一个记账 App，只要有大额支出，她就会记到上面。但如果支出金额是几十元或一两百元，她总会忽略不计。这样做的后果就是，有时即使忽然想起有些账目没记，也早已忘记了具体数额或时间，致使自己的账目总是对不上。而且，即使做了长时间的记账，也没省下多少钱；每月领到工资后，也是该花就花，有时她也会提醒自己花多了，要克制，但效果也不好。她觉得，每月好像总会遇到一些意想不到的需要花钱的地方。

这段记账经历，让夏可意识到，理财和不理财似乎没有太大的区别，不记账、不储蓄，消费上稍微克制一下，也能达到同样的效果。

在我们身边，很多朋友都会觉得，自己手上也没什么钱，拿什么理财啊？等到有钱了再去理财吧！但实际并非如此，因为通过理财，能够清楚地知道我们与财富之间的关系。越是没钱，越要努力学习理财。

理财是人生必不可少的一部分，能够让自己变得更好、生活变得更好。很多人都觉得，我钱都不够花，理什么财呀。其实，正是因为你不懂理财，钱才不够花。

只要搞清楚以下问题，人人都可以理财。

第一，你的财富目标是什么？

每个人应该有自己的短期、中期和长期计划。如果计划出去旅行，或者买一辆车、买个新房子，都要做中长期计划，才可以实现。

第二，你有多少负债？

清楚地了解自己的财务状况，就能更好地实现你的财务目标。

这里有一个简单的方法：

拿出一张纸，在纸的中间画一条垂直线。在左边登记你的资产，比如存款、房产和投资；在右边登记你的债务，比如信用卡债务、抵押贷款、汽车贷款等。左边的资产总额减去右边的负债总额就是你的资产净值。

个人投资理财必备的知识如下。

1. 丰富的知识储备

理财能力并不是天生的，需要经过后天的培养和锻炼，首先就是要储备充足的投资理财知识。

理财不仅要有“财”，更要有“才”。缺少理财知识，即使有再多的资金，也没办法能让它们保值升值。不顾自身实际，不仅不能获益，反而会带来损失。

2. 多样化的消息渠道

投资理财，要想取得最佳效果，就要及时掌握市场信息。因为，只有消息灵通，才能掌握市场变化情况，才能对自己的投资策略做出及时调整，才能减少投资损失。因此，为了获得最新的投资理财信息，就要确保多样化的消息渠道。

3. 正确的投资理念

投资是理财的重要组成部分，投资理念保守单一，会影响整体的投资收益。因此，首先就要具备正确的投资理念。比如，如果投资者偏爱低风险投资，就可以选择互联网金融投资理财方式。

4. 端正理财态度

不论做什么事情，态度不端正，都会导致失败的结果，理财尤其如此。比如，理财需要长久坚持，三天打鱼两天晒网，就会影响最后的结果。因此，理财一定要端正态度。

5. 关注细节

理财，一定要养成关注细节的良好习惯，不能忽视了记账、攒零钱等细节。不记账，就无法清楚地了解个人和家庭的收支情况，影响个人和家庭的理财决定。不攒零钱，积少成多，也是一笔巨大的损失。

理财投资，不能从众

为了印证“羊群效应”，有人做过这样一个实验：

在一群羊面前横放一根木棍，第一只羊跳了过去，第二只、第三只也会跟着跳过去。

把这个棍子撤走，后面的羊走到这里，依然会像前面的羊一样向上跳一下。

在棍子撤走后，后面的羊为何会像往常一样直接跳过去？就是所谓的“羊群效应”在作祟。

“羊群效应”，也称“从众心理”，即对信息缺乏了解，就无法对市场未来的不确定性做出合理预期，只能跟随其他人的行为去提取信息，然后决定购买某款产品。

自己不了解某种理财产品，看到哪个产品赚钱就买哪个，看到哪个投资者赚了钱就跟着买哪个，早晚都会输掉本金。跟风，就会导致盲从，多半会遭遇骗局或遭到失败。

要想取得理想的理财效果，就不能太盲目，要多做研究和分析，不要被众人的跟风思想所迷惑；为了减少失误和损失，获得最大回报，就要透过现象看本质，认真思考，多方比较，做出正确判断。

在实际的投资过程中，“羊群效应”现象比比皆是。但是，那些“羊”并没有像自己想象中的那样赚到利润，而是很容易成为被宰割的对象。以股市为例，很多散户被股市情绪、小道消息、所谓的专家指导等消息所控制，出现从众心理：好的时候蜂拥而上，坏的时候恐慌出资。

某证券营业部，多数散户股民都赔了钱，只有一个在门口看车的老头赚了个钵盈盆满。人们觉得很奇怪，纷纷向他讨教炒股秘方。他说：“这里停放的自行车就是我炒股的秘诀。自行车少，说明人少，说明股市萧条，这时候我会买些股票；自行车停放得多，就说明人们都在疯抢股票，我则会快速清仓。”

这个多年前的故事告诉我们，随大流不易赚钱，反其道而为之才更易获利。其实，这个老头不知不觉中运用了逆向思维。投资理财上，盲目跟风是很难有大收益的。

在个人理财产品日益多样化的今天，理财时，要有明确的理财目标，不能随大流。今天看着基金流行，便买基金，明天看着股票上涨，便炒股票，只能让自己损失惨重。

随着互联网经济的快速发展，投资理财产品如雨后春笋般快速发展起来，各种各样的理财产品让投资者眼花缭乱、应接不暇。因此，在进行投资时，不少人会失去自己的主见，不知如何是好。其结果自然就是不能达到财富增值的目的，反而损失了本金。所以，理财必须有主见，财富才能快速增值。

1. 不过分依赖专家的建议

开始投资理财后，很多人会觉得自己的理财技巧与经验不够，专家都是专业人员，听他们的准没错。但是，专家的专业水平与职业素养也参差不齐。

所以，专家的建议只可做一个参考，最好多学习投资理财相关知识，提高自身技能，积累理财经验，提升自己的理财能力，拥有自己的判断力。

2. 多了解理财产品

在进行投资理财之前，一定要做好相关的准备工作。要对市场上的理财产品进行了解，从而决定自己适合购买哪种产品；不要看到别人炒黄金赚钱，就去炒黄金；看到别人收藏艺术品赚钱，又跑去收藏艺术品。找出适合自己的那个理财产品，才是最好的。

理财，不等于投资

提到理财，绝大多数人会直接想到投资。其实，理财是一种财务规划，而投资只是理财规划过程中的一种手段。投资是理财的一种手段，而理财却不仅仅包含投资。我们不能简单地将炒股等投资行为等同于理财，而应将理财看作一个系统，通过这个系统和过程，使人的一生达到“财务自由”的境界，从而使自己生活无忧。

一、何为投资，何为理财

从技术上讲，投资其实就是将某种货币投入到另外一种经济活动中去，并让其产生价值。

投资是以让渡其他资产而换取的另一项资产，会将自身的资产价值转让到另外一种渠道上去，但是货币必须增值，否则投资便是失败的交易；

投资要用经营过程之外或者个人基本资产外所持有的资产，因为这样能有效地规避风险；投资是一种以交换来获取的资产，具有一定的风险。

所谓理财，从字面意思看就是管理钱财，而投资便是管理钱财的一种方式，所以其包括了投资。但是理财的范围多限定于个人资产。

理财是需要一定的资金的，但是资金的多少取决于人们对资产的认可程度。相对来说，大家对财富管理认可度更高。

二、理财与投资的区别

理财和投资的区别主要体现在以下几个方面。

1. 投资大于理财

投资是投资，理财是理财，之间不能画等号，而是大于号，投资大于理财。所谓理财就是把多余的钱拿出来，做一些小投资，获得比较稳妥的收益，风险性不太高。理财是多余资金的小打小闹，即使理财失败，也不会伤筋动骨，比如，存银行拿利息等。而投资不仅要将多余的钱拿出来，还可能动用家庭的其他资金。这种方式投入高，回报也高，但风险也大。一旦投资失败，极可能会让一个家庭伤筋动骨。

2. 投资风险高过理财

理财是一种比较稳妥的方式，投资属于风险性的，适合有赌博心理的人去操作，如炒期货、炒股票等。理财一般不会出现大的危机和失败，因为一般都是吃利息。投资则不同，风险与收益并存。一般来说，投资风险越高，收益就越大，而一旦投资失败，可能倾家荡产。

3. 适用人群不一样

投资是高收益的，适合具有冒险精神的人、胆子大的人去做。而理财属于小收益的，更适合稳健型的人来做，不需要冒多大的风险，就能获得部分利益。

无论是大投资，还是小投资，收益都要比理财的收益多且快。可能只要投资成功一次，就能让自己的人生发生巨大转变。因此，很多人都选择投资而不是理财。

其实，投资和理财的界限非常小，可能只有一线之隔，难以分明，让很多人误以为投资就是理财，理财就是投资。不过，不管是投资，还是理财，选择适合自己的方式才是最好的。

下篇

做好理财规划，拥有完美人生

第七章　储蓄规划：最传统的理财方式

强制储蓄，避免过度

在谈“储蓄”之前，先来看看下面这个人的“呐喊”：

我在北京打工，爸妈他们住在老家邯郸。一个月前，我妈跟我视频聊天，天南地北聊了很多话题，最后她小心翼翼地问我：“你手上有没有钱？”我说：“没有！你知道的，我工资不高，月月光，没有积蓄，这个月的工资还没发。”然后，我妈就没有再说什么了。

今天，我大爷家的哥哥给我打电话，从他嘴里我才知道，一个月前我爸爬楼梯的时候，不小心一脚踏空，伤了腿，粉碎性骨折……我才意识到，上次我妈打电话跟我提钱的事，是家里遇到了急事。我妈从来没有求过我什么，好不容易厚着脸皮来找我，我却一分钱都拿不出来……

家人遇到困难，而你想帮却帮不了，会不会感到对不起家人？

当我们享受了家人对我们的照顾后，在家人需要帮忙的时候，相信多数人都愿意回报给对方。可是，如果你没钱，你能怎么样？

现在很多年轻人，有个不太好的习惯，即不喜欢储蓄。我们越来越不喜欢储蓄，越来越喜欢过度消费，越来越喜欢超前消费，越来越喜欢奢侈消费。但赚钱是能力，存钱是智慧，存多少钱就有多少底气！如果想在人前有底气，如果想在人前显贵，首先就要保持经济的独立，就要手里有钱，而储蓄就是积累钱财的方法之一。

当挣钱的能力小于你的欲望时，获得财富自由的机会为零。

自律很难，及时消费行乐太容易，所以人们都喜欢做让自己感到快乐的事情。在网上看到一个东西打折，不管自己是不是需要，先买下来再说，反正也没有多少钱。结果，到月底一看账单，自己都搞得一脸蒙，仔细想了想，却不知道自己究竟将钱花在了哪里。总以为自己的钱安全地放在银行卡里，其实早已在你的一次次消费中悄然溜走了。

不要高估了自己对存钱的自律性，低估了自己内心的贪婪和冲动消费。每个月从工资中拿出规定数额存入银行卡，强制性地不再动用，只留下基本生活费，满足基本生活即可，当你在未来的某一天需要花钱的时候，就能拿出这部分钱来应急。

强制储蓄的最大特点是：存钱效率最高、存钱强制性强，只要用强大的意志力逼自己储蓄，几年后就能看到自己的银行卡上多出许多余额。

一、强制储蓄的意义在于积累本金

强制储蓄的意义是积累本金，而不是追求高收益。

当本金是零的时候，即使收益率是100%，也是没有意义的；但本金是100万元的时候，收益率是1%，也是可观收益。

有人说，把钱放在银行或保险公司收益率太低，还可能贬值。可是，不进行强制储蓄，失去了本金，购买力就是零；强制储蓄，购买力下降，多少还能剩下一部分钱，也比没有强不少。

本金都没有，如何理财？手里没有积蓄，如何为未来的生活买单？

二、强制储蓄的方式

投资理财并不是在拥有了很多财富之后才需要做的事情，而是一个根据目前收入情况进行规划、累积的过程。生活中难免会有一些意外支出，没有一定的储蓄做支撑，很容易使自己陷入困境。那么，强制储蓄的理财方式有哪些？如表7-1所示。

表7–1　强制储蓄的方式

储蓄方式	说明
基金定投	基金定投具有储蓄与投资的双重属性，只要在固定时间将固定资金投入已选定的一只基金即可，类似于银行的零存整取。该种模式门槛较低，一般100元起存，预期收益通常要高于同期银行活期存款，适合长期投资理财
保险产品	例如，养老保险、重疾险等。虽然保险的预期收益不高，但保险产品的缴费期限、缴费金额都是事先约定好的，投资者必须按时缴费；如果提前领取，资金损失会很大。这也是为什么保险有强制储蓄的作用
银行零存整取	零存整取是银行推出的一种定期存款产品，投资者按月定额存入，一旦到期，就能一次性支取本息。这种方式起存金额比较低，最低5元即可；存期有1年、3年、5年等，存期越长，越能获得较高的利率

三、强制储蓄的技巧

如果觉得强制储蓄很难，可以采用下面几个小技巧。

1. 远离不良诱惑

人们之所以无法抗拒诱惑，是因为诱惑触手可及。如果看到商品不一时冲动，当时间过去，想要消费的欲望降下来，就不会乱花钱了，这样钱不就省下来了吗？

2. 树立远大目标

确立了目标，才能让节省行为有意义。有意义的事情，一旦做到，就会充满成就感，这份成就感会激励人们更加奋勇前进。存钱也能获得良性循环，比如以买房子为存钱目标，行动起来也能特别有力量。

明确存款用途是进行储蓄的大前提

许许多多的人甘愿艰苦地工作，但是能够做到生活节俭、量入为出的人却很少。一些人的收入没过多久就被吃喝一空，从不拿出一部分作为积蓄，以备在紧急情况下使用。所以，在需要用钱的时候，就会陷入困境。

一般情况下，居民存款的目的无非是攒钱应付日常生活、购房、购物、子女上学、生老病死等预期开支。因此，存款之前应首先要确定存款的用途，以便“对症下药”，准确地选择存款期限和种类。

心理学研究表明，动机是驱力和诱因。储蓄的动机是推动人们进行储蓄的“能量”，即驱使人们为寻找满足自己需要的东西而采取的储蓄行动。储蓄的诱因是促使人们储蓄的目标对象，强调的是储蓄行为奖励产生的引诱力，即希望得到什么和试图避免什么。驱力是一种内在动机，诱因则是一种外来动机。

通过对储蓄驱动的考察，可以发现储蓄的目的有如下几个。

1. 用于投资

随着收入水平的提高，有些人会拿出部分生活结余用来购买债券、股票进行投资或用于远期消费，如何保存这部分货币也就成了储蓄的目的之一。

2. 家人资金

从长远生活考虑，人们需要为重要事件建立准备金，积累养老金、子女的教育支出和购房费用等。为了保存这部分资金，人们也会储蓄。

3. 未雨绸缪

对未来收入的预测，从一定意义上决定着驱力的强弱。有些人知道，将来收入越多，自己对未雨绸缪的积极性就越小；对未来收入的预料把握越大（例如，收入来自稳定的工作），个人积累储蓄金的驱力就越弱。

4. 勤俭节约

我国人民一直以来都有勤俭节约的传统，在收入的分配上通常都是先储蓄、后消费。这也是很多人喜欢储蓄的重要原因。

通过对储蓄诱因的分析，即吸引储蓄的外部环境，可以发现储蓄的目的共有三个，如表 7–2 所示。

表7–2　人们储蓄的目的

储蓄目的	说明
获得利息收入	一般而言，储蓄存款的利率越高，对储蓄的吸引力也越大，储蓄的拉动力越强

续表

储蓄目的	说明
银行的信用	人们对银行越信任，就会觉得储蓄的风险越小，银行也越能吸引储蓄资金的增加
储蓄品种的多样	储蓄种类是否能在时间上、空间上满足人们不同的需要，在很大程度上决定着储蓄对于人们的引诱力

选择合适的储蓄种类，让收益最大化

日常生活的费用，需要随存随取，可以选择活期储蓄。对长期不动的存款，根据具体用途，合理确定存期是理财的关键。

一、生活中的常见储蓄品种

生活中，都有哪些常见的储蓄品种呢？如表 7–3 所示。

表7–3 储蓄品种

储蓄品种	说明
整存整取定期储蓄	如果你手里有一笔积蓄，在较长一段时间里不准备动用，就可以选择整存整取的定期储蓄，获得相对较高的利息。首先，估算一下自己可以使用的资金大概有多少。然后，确定存期的长短。如果存期太长，遇到急事，需要提前支取，存款将按活期利率计息，就会损失不少利息；如果过短，短期利率低于长期利率，也无法实现预期的保值和增值目的

续表

储蓄品种	说明
定活两便储蓄	如果你手里有一笔资金，近期要使用，但不能确定具体日期，可以选择定活两便储蓄。如果这笔资金超过了5万元，可以设立一个个人通知存款存折。该种储蓄方式是一种很受欢迎的特色储种，存入时，不用约定存期；支取时，只要提前1天或7天通知银行即可。利率高于活期存款
个人定期储蓄存单（折）小额质押贷款	如果急需用钱，自己的定期储蓄正好有几个甚至几天才到期，就可以选择个人定期储蓄存单（折）小额质押贷款，用未到期的人民币、外币定期存单做质押，就能申请到一定额度的贷款，解决紧急情况，减少利息损失
活期储蓄	日常生活费用，需要随存随取，可以设立一个活期储蓄账户。如此，就相当于给自己准备了一个钱包，满足日常生活零星收支的需求，但利息很低。这种储蓄方式可以采用，但数额不要太大
零存整取定期储蓄	工薪阶层工资有限，多数人都希望将小额资金积累起来，汇聚成一笔大额存款，以备将来需要的时候使用。采用零存整取的定期储蓄，就能提醒你每月存款，积少成多。如果你手中的存款超过了1万元，想要在不动用本金的前提下，每月按期获取利息，用于日常开销，就可以采用这种方式

二、选择适合自己的储蓄方法

根据款项的不同性质选择储蓄品种。

如果是用于日常开支，可以选择活期储蓄的方式，随时存取，方便灵活，满足日常用钱的需要。

如果是生活节余性质的款项，数额较小，可以选择零存整取定期储蓄；如果数额较大，可以选择整存整取定期储蓄；如果是做生意的周转资金，可以选择活期储蓄。

具体来说，还可以把款项的性质、数额大小结合起来，综合考虑具体的储蓄理财方式。

如果你每月收入不高，家庭负担比较重，除去日常生活开支后，节余不多，就可以估算开支情况，从收入中扣留这部分金额后，将剩下的以活期储蓄的形式存入银行。

如果你的收入比较多，且已经有了一笔不小的积蓄，可以每月继续存入一定的活期储蓄，同时将这笔积蓄转作定期储蓄。具体定期储蓄品种的选择，可以根据你的实际情况来确定。

如果你已经积累了一笔可观的财富，且每个月收支相抵后的余额较多，就可以将部分钱以定期的方式存入银行，还可以拿出一部分资金进行其他方式的投资，比如股票、债券等。

如果你的年龄比较大，且儿女已成家，就可以采用整存零取或零存整取的储蓄方式，使你的晚年生活过得悠闲自得。

三、精打细算选择期限

为了取得最佳的储蓄效果，就不要在某一期限的储蓄存款上投资太多，各种期限的存款都要持有一些，比如，5 年期和 3 年期的长期存款、半年和 1 年的中短期存款等。

1. 储蓄期限组合的原则

储蓄存款的数额不同，利率存在较大的差异；采用不同存期的存款组合，也能得到不同的利息收入。

（1）如果要存的年期是银行规定的期限，就可以直接按其规定的年限进行存储；反之，如果你要存的年期是存款种类中没有的，可以选择规定的几种存期连存。

（2）在储蓄期限组合的过程中，如果不考虑利率变动的影响，各种储蓄种类的选择就不存在先后问题。经过认真思考后，如果预计利率会上升，就要先存期限短的，再存期限长的；如果预计利率会下调，则先存期限长的，再存期限短的。

2. 储蓄期限组合方法

（1）阶梯储蓄法。该方法流动性强，可以获取相对较高的利息。具体操作方式为：假设你手里有 5 万元，可以分别开设 1 年期至 5 年期的存单各一张。1 年后，用到期的 1 万元，开设一个 5 年期的存单，以后每年都是如此。5 年后，手中所持有的存单全部为 5 年期，但每个 1 万元存单的到期年限不同，依次相差一年。这种储蓄法，既可以跟上利率调整，又能获取 5 年期的存款高利息。如果你想为子女积累一定的教育基金和婚嫁基金，就可以采用这种方式。

（2）月月存储法。这种方法，不仅能很好地帮助工薪家庭聚积资金，还能最大限度地发挥储蓄的灵活性。具体操作方法为：如果你的月工资为 2500 元，可以将 1000 元用于储蓄，选择 1 年期限每月开一张存单，一年后手中就有 12 张存单。这时，第一张存单到期，取出利息和本金，再跟第二期所存的钱相加，存成 1 年期定期存单。依此类推，手中就会有 12 张存单，遇到紧急情况，只要取出近期所存存单就可以了。如果为了将来家庭急救和大笔购物，就可以采用这种方法。

（3）分存储法。如果你手里有 1 万元现金，在一年内有急用，但每次用钱的金额、时间等都不确定，就可以选择存单四分法。具体操作方法为：把 1 万元分成四张存单，分别存成 1000 元、2000 元、3000 元、4000 元各一张，在存款时全部都选择 1 年期限。这样，未来如果遇到小额支出 1000 元，只要动用 1000 元的存单就可以，减少了不必要的损失。

（4）利滚利存储法。如果你手里有 2 万元现金，可以先把它存成存本取息储蓄。1 个月后，取出第一个月利息；然后，再用这笔利息开设一个零存整取储蓄户。之后，再将每个月的利息取出来，存入储蓄零存整取。

第八章　日常规划：理财规划过程中最重要的一道坎

分析自己的财务状况，做好收支预算

根据自己的生涯规划、财务状况和风险属性，制定理财目标和理财规划，执行理财规划，就能实现理财目标。做财务规划，首先就要对自己的财务状况进行分析，做好收支预算。

一、财务报表反映出家庭财务状况

有两个简单的财务报表，可以直观地反映出自己的家庭财务状况，一个是家庭资产负债表，另一个是家庭现金流量表。如表 8–1 所示。

表8-1 不同的财务报表

表格	说明
家庭资产负债表	该表格将家庭资产（金融资产+实物资产）和负债（消费负债+投资负债）分别细化标出具体的小项，然后统计出资产合计和负债合计，再用资产合计减去负债合计得到净资产合计。净资产就是真正属于自己家庭的资产，也叫所有者权益
家庭现金流量表	该表格可以用来反映家庭一定时期的收入和支出情况，由三个部分组成：收入、支出和盈余（或赤字）。通常，以12个月为一个时间段，会分门别类地列出1年内的收入和支出项，看看最后的结余额度（盈余/赤字=总收入-总支出）

利用以上两个财务报表的统计数据，就能客观地分析出家庭财务状况。

二、关注重要数据

有些公式虽然看起来复杂，其实都很简单。

1. 结余比率

结余比率是指在一定时期内（通常为 1 年）结余和收入的比值，主要反映个人（家庭）提高其净资产水平的能力。注意：一定是税后收入，才是可支配的。

计算公式：结余比率 = 结余 ÷ 税后收入

也可以用月结余比率，也就是用月收支结余与月收入的比率来衡量每月的现金流状况。

结余比率的参考数值，最好控制在 0.3 左右。

2. 投资与净资产比率

投资资产与净资产的比值，不仅能直接反映出人们投资意识的强弱，还能衡量出能否实现财务自由。

计算公式：投资与净资产比率 = 投资资产 ÷ 净资产

家庭资产负债表中“其他金融资产”的全部项目，和“实物资产”中的投资性房地产以及以投资为目的而储存的黄金和其他收藏品等。

获取投资收益也是提高净资产水平的重要途径，甚至是主要途径，但是投资有风险，要保持一个合理的水平。研究认为，投资资产与净资产比率保持在 0.5 左右较为适宜。年轻客户，保持在 0.2 左右，也属正常。当然，也要具体情况具体分析，要看看客户的真实需求。

3. 清偿比率

清偿比率是净资产与总资产的比值，这一比率反映了个人综合偿债能力的高低。

计算公式：清偿比率 = 净资产 ÷ 总资产

一般来说，客户的清偿比率应该高于 0.5，保持在 0.6 ～ 0.7 比较适宜。清偿比率过低，意味着债务过多，有破产的风险；清偿比率太高，负债少，不利于提高个人资产规模。

4. 负债比率

负债比率是负债总额和总资产的比值，同样可以用来衡量客户的综合偿债能力。

计算公式：负债比率 = 负债总额 ÷ 总资产

可以看到，负债比率和清偿比率为互补关系，两者之和为 1，所以，负债比率最好控制在 0.5 以下。

5. 财务负担比率

这一比率也称为“债务偿还收入比率”，是到期需支付的债务本息与同期收入的比值。反映了你在一定时期（如 1 年）财务状况良好程度的指标。

计算公式：财务负担比率 = 债务支出 ÷ 税后收入

财务负担比率不要超过 0.4，过高容易发生债务危机。

6. 流动性比率

流动性比率是流动性资产与每月支出的比值，反映了你支出能力的强弱。

流动性资产是变现能力比较强的资产，比如，现金及现金等价物是流动性最强的资产。

计算公式：流动性比率 = 流动性资产 ÷ 每月支出

流动性资产通常为资产负债表中“现金与现金等价物”项目。流动性强的资产，收益率就会低。通常情况下，流动性比率应保持在 3 ～ 6。我们常听到的“平时准备 3 ～ 6 个月的应急资金”，也就是要保持资产的流动性。

三、走出理财迷茫期

在理财过程中，很多人都会在某个时段内有这样的感受，比如，不知道该从哪里入手；不管投资什么，运气都特别差等。如果这些情况长期出现，至少说明你已经进入了理财迷茫期。

所谓理财迷茫期就是，对于是否要进行理财投资，人们在一段时间内出现了焦虑、迷茫等心理。那么，该如何有效应对理财迷茫期呢？可以从以下五个方面做起。

1. 关注国家政策和投资市场变化

国家的政治经济政策与投资市场有着密切的关系，而市场变化是影响个人和家庭投资收益的重要因素。因此，既然要投资理财，就要主动关注国家政策和市场投资变化，一旦发生了变化，就要及时调整个人和家庭的投资理财策略。

2. 合理调整投资结构

陷入理财迷茫期，可能会失去理财方向，对具体的投资方式，也会缺少判断力。同时，还会有如下几种表现：把钱放在银行，担心贬值；将钱进行投资，担心亏损；将钱闲置在家，心中更加忧虑重重。在这个世界上，没有最好的投资，只有最好的资产组合，如果想减少投资风险，就要合理分配资金，找到适合自己财务状况的投资组合模式。

3. 及时调整个人心态

心态会影响个人的理财选择和决定，也会在很大程度上影响个人的投资理财收益情况。因此，在理财过程中，保持一颗平常心非常重要。

4. 配置固定收益类理财产品

投资都是有风险的，只不过风险的程度不同而已。在市场行情整体走弱的时候，投资者也应该“能屈能伸”，放弃高回报的奢望，转而注重本金的安全。因此，可以将钱存放在银行，或用来配置些理财保本产品。

5. 冷静分析财务情况

调整好心态后，要对个人或家庭财务进行冷静分析，主要包括个人或家庭的收支情况、投资负债现状、投资收益等。掌握了个人或家庭的财务情况，之后就能对目前的理财策略进行合理调整了。

合理控制支出，做好节流工作

从一定意义上来说，控制家庭支出也是一个自我控制的过程。只有足够自律，才能控制好自己的支出。

现实中，很多人平时确实很节省，根本就没什么钱可以再省了。可是，只要一记账，1 个月后就会发现，自己确实还有很多地方可以省钱。比如，护肤品本来还没用完，看到好用的或者打折的，就会再次购买。这笔钱本来可以省下来，但如果控制不好，就会造成浪费。

开支实际上每个月都是可以不断进行改善的，能够控制自己少花 10 元，同样也能控制自己少花 20 元。有些支出我们可以通过自己的努力去获取。

一、如何有效控制支出

支出大于收入，资金不足，结果不是负债，就是亏损。赚钱确实能体现一个人的能力，可是如果对支出不进行有效控制，即使赚了很多钱，又如何？自己付出了心力，却没有结余，也就失去了努力的意义。

要想控制自己的支出，可以采用以下几种方法。

（1）先把主要资金交给值得信赖且善于控制金钱的人管理，再将小部分资金留给自己，避免大手大脚地乱花费。

（2）购物或消费的时候，尽可能地使用现金。

（3）养成储蓄的好习惯，有钱就把它存在银行，就不会有那种有钱就要花完的意识。

（4）养成记账的好习惯，每天花的钱是怎样的，记在本子上清清楚楚。

（5）关闭不必要的借贷软件，或不用信用卡等。

二、管理好家庭开销

理财与管理家庭开支并不冲突，且是相辅相成的。之所以要进行理财，是为了更好地管理家庭的收支，而管理好家庭收支是理财的保障。

1. 变消费性开支为投资性开支

家庭开支分为两类：一类是消费性开支，就是花了钱无法再收回；另一类是投资性开支，花了钱以后可以收到回报。好的理财者会变消费性开支为投资性开支。

举个例子，生病时，我们会花钱看病，这是消费性开支，但是如果我们提前购买了医疗险，就变成了投资性开支了。很多人买房子，有些房子会升值，这就属于投资性开支；有些房子不仅不升值，还会贬值，这就是消费性开支了。让更多的消费性开支变成投资性开支，是家庭理财重要的课题。

2. 合理选择理财项目

当一个家庭积累了一定的原始资金以后，就要对资产进行合理配置。一个家庭就像一家小型公司，既要保证家庭运作必需的资金，又要保证能赚钱。因此，要根据家庭实际情况对家庭资产进行合理规划和配置，不要将资金全部投到一个项目上，否则风险很大，要尽量分散投资，梯度搭配。

3. 减少不必要开支

认为钱是靠赚出来的而不是省出来的，这是一个错误的想法。不管你是自己做生意，还是为别人工作，资本最初积累都离不开节省开支。所以，很多企业老板生意做得越大，就越懂得节省开支。

4. 做好家庭日常支出计划

很多人对家庭经济状况缺乏掌控，随心所欲地用钱。会理财的人，往往会规划好家庭必需支出的部分，预留好特殊支出部分，然后按照计划稳步执行。

减少不必要的支出

每个人都有购物欲望，这可以理解。但关键在于是否量入为出，是否超出了自己的收入。如果月光，还负债，自己的财务状况很糟糕，就该好好分析分析了，看看自己在消费的时候究竟需要什么，有什么办法可以转移或避免。

年轻人通常都有一定的购物欲望，这是很正常的一件事。小时候，购买玩具和糖果；工作后，购买心仪已久的礼物犒劳自己；结婚后，买房买车……这些消费需求都是非常正常的。随着年龄的逐渐增长以及生活经验的丰富，家庭理财也就成了成家立业的头等大事，只有把家庭财产理顺了，日子才能越过越红火。

对于“自己为什么没有存款”这样的问题，很多人都会说是因为自己收入跟不上支出的步伐，即使工资较高，也没有存款。可是，当你问及“钱都花到了哪里”时，他们都会陷入迷茫状态，一问三不知。其实，对于日常支出的控制就是对自己的控制，不控制好支出，至少说明你的控制能力比较差。

如同戒烟，有的人很容易就把烟戒掉了，就能节约一笔钱；而戒不掉烟的人，多半都不能节省出更多的钱。大量事实告诉我们，只有控制好开支，才能有结余，才能更好地进行投资理财。对于任何一个家庭，日常支出不可避免，项目还很多，但是只要想控制，就一定可以控制。

一、如何避免不必要的支出

1. 认真记账

平常消费的时候，如果想有效避免不必要的支出，一定要养成记账的习惯。对于一些比较小的消费，可以不记录；对于稍微大一点的消费记录，一定要记下来。到了下个月，查看上个月账单的时候，就可以罗列出不必要的支出。对于不必要的支出，要做到心中有数，下次再消费就不会那么冲动了。

2. 购物有技巧

在平常消费的时候，如果想有效避免不必要的支出，就要掌握必要的购物技巧。比如，网络购物时，一定要选择那些质量比较好的、服务非常不错的商品。同时，要多看看商品评价，如果用户反馈质量不错，就可以下单。如此，就能有效避免买错了商品而花钱再次购买的情况。

3. 思考购买的原因

想要有效避免不必要的支出，在购买东西的时候，就一定要想想自己为何要购买。比如，想买个新款冰箱，就要想想自己到底有没有必要购买，旧冰箱是不是真的不能用了……思考一下购买的原因，大概就能评估出这件东西是否值得购买了。如果确实需要，就买；如果根本就不需要，就不买；如果买不买均可，就不要买。如此，就能节省下很多钱。

4. 不带太多的现金、减少信用卡和二维码支付

在平时消费的时候，如果想要有效避免不必要的支出，就千万不要带太多的现金，更不要用信用卡或二维码支付。身边带的现金多，见到好吃的、好玩的，就会购买；如果没有现金，即使想买，可能也会打消念头。而使用信用卡和微信二维码等支付方式，有时除非进行检查，否则一个月下来根本就不知道自己的钱都花在了哪里。

5. 不要盲目跟风

如果想避免不必要的支出，在购买东西的时候，就千万不要跟风。看到一大群人在疯抢某种商品，自制力比较弱的人，即使自己不需要，也会上去抢点儿。但这些商品真的是自己需要的吗？答案就不得而知了。多数人买回家就后悔。因此为了减少这类支出，在外面逛街或购物的时候，就要远离人群聚集的地方，不要去凑热闹。

6. 给自己一个缓冲期

在购物的过程中，如果想避免不必要的支出，一定要给自己一个缓冲期。对于一些东西，如果不太确定是否有必要买，可以给自己一

个缓冲期，比如等待一天，或两天后再来决定是否购买。在缓冲期，可以进行冷静思考。

二、避免不必要的支出

面对目前世界经济减速和预期收入的降低，学习压缩不必要的开支，对普通家庭而言，将是一门特别有意义的课程。

1. 控制信用卡数量

如果你有信用卡，有时就会过度消费。而且信用卡一般都有年费，银行一般规定持卡人每年消费一定的次数或金额则免收年费，这也会引导持卡人多消费。

2. 廉价娱乐

大幅压缩自己去餐馆、酒吧、咖啡厅、KTV 的次数，也能省下可观的一笔钱。如果自己确实想要娱乐，完全可以用廉价的娱乐方式来代替，如看电视、听音乐等。

3. 多做家务

如果工作太忙、孩子和家务让人忙得不可开交，有些人就会雇用保姆帮自己打理。如果工作不太忙了，或者家务不多了，完全可以自己去做。

4. 减少宠物开支

养宠物的支出是很大的，除了猫粮、狗粮不断涨价，免疫、医疗、饰品等的支出也不容小觑。因此，为了不影响自身财富的积累，就要减少这部分开支。

5. 减少不必要的教育开支

很多教育项目根本就没用，比如，每个周末都要花 200 多元钱让孩子学钢琴。学习需要长期坚持，每周只学两次，每次只有一小时，有何意义？不能只看到演出家光辉的一面，而忽视了他们辛酸的一面。

6. 节水、节电、节能

比如，电脑开机时间太长，耗能较多，就要换用耗能较低的笔记本电脑。如果空调制冷效果差，则要请维修公司的人加注制冷剂，使空调效率恢复正常。

7. 合理购物

为了吸引消费者，商场使用的营销手段层出不穷，只要逛商场，难免都会消费。因此，合理购物也就成为一劳永逸的解决方案。

8. 减少美容美发的次数

如果女性消费者做个简单发型，或用其他办法减少这部分开支，也能省下一笔钱。

信用，也是一种靠谱的资产

信用卡，本来是为了给人们应急，是为了给人们提供方便，却经常因使用不当，而让人债台高筑，引发了很多悲剧，着实令人惊叹和可惜。

随着经济的不断发展，居民生活水平的持续提高，信用卡在人们日常生活消费中也越来越重要起来。

随着信用卡的普及率越来越高，手中有信用卡的人也越来越多了，然而并不是所有人都能够挖掘到信用卡的最大价值。其实，信用卡不仅具有信用透支功能和支付功能，自身的循环授信功能和各种权益，还能让其成为一款理财工具。具体怎么理解呢？

一、信用卡免息期能让卡生钱

各银行办理的信用卡都设有一定的免息期，在免息期内刷卡消费，没有利息，相当于免费使用银行的钱。一般来说，信用卡最长免息期为 50 ～ 56 天，时间确实不短。举个例子：你本月打算购买家具家电等大件，需要花费 3 万元。使用信用卡来支付，就能享受到 50

天的免息期，把自己手上的现金腾出来，用来做短期灵活投资，假设年化回报为 7.30%，这笔刷卡交易就能为你带来大约 300 元的收益。善于理财的人，都会关注信用卡的免息期，利用时间差来赚取收益。

二、享受信用卡的附加权益

为了鼓励客户办理和使用信用卡，银行会给予客户不少的附加权益。当然，不同卡种给的权益会有所不同，比较常见的信用卡权益如表 8–2 所示。

表8–2　信用卡的附加权益

信用卡权益	说明
机场贵宾厅权益	乘坐飞机出行的时候，有些人可以享受机场贵宾厅服务。但是，机场贵宾厅服务并不能免费享用，除了部分会员权益，要想进机场贵宾厅，需要花钱购买权益。但是，如果你持有带机场贵宾厅权益的信用卡（通常为高端白金卡），就可以畅通无阻，想进就进了
航空里程	信用卡的积分不仅可以兑换礼品，还可以兑换航空里程。有些航空类联名卡可以消费累积航空里程，用来兑换免费的机票。目前，多数银行都有航空联名卡，只要配备得当，使用一些技巧，日常刷卡消费就能累积到不少的航空里程，兑换成机票，能省不少真金白银
酒店会员权益	有些高端信用卡以及酒店联名卡会附带一些酒店会员权益。这些联名卡或高端白金卡可以让你以优惠的价格入住星级酒店，可以用积分兑换酒店的费用，可以真正帮持卡人省钱

续表

信用卡权益	说明
商超返现优惠	有些商场联名卡可以享受商超返现优惠。只要满足交易条件，就能享受超市、加油等商户刷卡消费返现优惠
信用卡积分奖励	除了各种权益外，信用卡刷卡消费还可以累积积分。信用卡积分可以用来兑换各种实物礼品，有的银行还可以兑换成刷卡金等，相当于消费回馈
各种保险	很多卡种是附带保险权益，只要办理了信用卡，就可以免费享有高额保险。最常见的保险包括航空意外险、旅行意外险、航空延误险等

三、精打细算，理性消费

信用卡不同于现金，现金花出去就没了，平时没养成记账的习惯，根本就不会知道自己究竟将钱花在了哪里。而信用卡有账单，有消费提醒，每刷出去一笔都有记录，可以帮你进行生活消费的管理。

绑定发卡银行信用卡官方小程序，不仅能获得每一笔消费的提醒，还可以获取账单。

详细分析自己每月的账单情况，了解自己的支出详情，必要的时候，控制自己的支出范围，就能节省很多钱。

如果需要还款，最好全额还款，不要按照最低还款额还款，否则会产生高额利息，得不偿失。

信用卡取现有手续费，且不享有免息期，自取现当天起就开始计息，最好不要用信用卡取现。信用卡分期有手续费，且折算成实际年利率很高，尽量不要使用信用卡分期购物或分期还款。

信用卡逾期还款的后果不容轻视，除了利息之外，还会影响你的信用记录，对以后申请房贷、车贷十分不利，一定要按时还款，每月清账。

第九章　房产规划：居有定所，才能让心安定下来

买房和租房，哪个更划算

面对居高不下的房价，究竟买房划算，还是租房合适？

有人说，租房好。每年拿几万元钱租房，负担小，自己不累，还能每年换新房。

有人说，买房好。交个首付，即使自己不住，拿来出租，也可以用租金交纳按揭贷款，几十年后，自己就能落下一套房。

对于这个问题，仁者见仁，智者见智。

其实，这个问题根本就无法给出标准回答，因为牵涉的因素太多，需要具体情况具体分析。

一、买房和租房的困惑

如今租房已经是很普遍的一种生活模式，特别是对于在外地工作的人来说，如果单位不提供食宿，就需要租房。租房的好处如下：极具灵活性，不用一次性付大量现金，可以将资金用于其他地方，有效避免买房贬值、还款等风险。

买房，有一套自己的房产更有归属感。有一套自己的房产，不用担心遇上不良房东之类的问题，还可以作为长期投资看待。

1. 适合租房的人群

租房，可以保证资金的流动性，不用担心每月按时还贷的情况。如果你初入职场，工作流动性比较大，收入不稳定，资金紧缺，就可以选择租房。

2. 适合买房的人群

对于有些人来说，购房是一种“刚需”，比如准备结婚的人、手中有首付款的人、手里资金宽松的人、收入稳定的人，这部分人也是目前房地产市场购房的主要人群。

此外，如果你资金充裕、收入稳定、收入较高，为了改善居住条件或进行房产投资，也可以买房。

二、买房和租房的利弊

买房和租房的利弊，如表 9–1 所示。

表9-1　买房和租房的利弊

	优点	劣势
租房	有能力使用更多的居住空间，能够应对家庭收入的变化，资金较自由，可以寻找更有利的运用渠道，有较大的迁徙自由度，瑕疵或损毁风险由房东承担，税捐负担较轻，不用考虑房价下跌风险	如果房东遇到紧急情况，比如想卖房，就会强制租户搬离；如果不满意房屋装修风格，想要按照自己的意愿装修房子，房租就可能增加；房子不是自己的，无法运用财务杠杆追求房价差价利益，无法通过购房强迫自己储蓄
购房	可以强迫储蓄积累实质财富，提高居住质量，产生信用增强效果，满足拥有自宅的心理效用，同时提供居住效用和资本增加的机会	如果想换房或变现，考虑到流动性，可能要被迫降价出售。维护成本高，投入装修，虽然可以提升居住环境，但需要支付较高的维护费用。赔本损失的风险，主要包括房屋损毁、房价下跌等

三、刚需和投资的性质完全不同

投资可有可无，选择很多，如果未来房价不涨，租金回报率又低，就是一项失败的投资。但刚需没的选，如果你无法接受一辈子租房生活，那对你来说，“到底买房还是租房好”就是个伪命题。

如果选择买房，你的收益是未来房价每年的升值空间，成本是每年要付的房贷利息。

如果选择省下首付款去租房，你的收益是“首付 × 可预期年化投资回报率”，成本是付出去的房租。故：

首付 × 可预期年化投资回报率 – 年租金 > 房价 × 预期年化涨

幅－房贷 × 年利率

即：

首付 × 可预期年化投资回报率－年租金＋房贷 × 利率＞房价 × 预期年化涨幅

如此，租房更划算。

首付 × 可预期年化投资回报率－年租金＋房贷 × 利率＜房价 × 预期年化涨幅

如此，买房更划算。

不能全款，就贷款

先来看两个例子。

案例 1：

田小姐和男朋友在一家装潢公司上班，两个人月收入加起来约 2

万元。他们打算年底结婚，跟父母商量后，男朋友决定先买房再领结婚证。趁着端午节放假，两个人准备先看看房，顺便咨询一下如何贷款。

解答：

首先，田小姐和男朋友都是普通的上班族，购房地点最好选择在紧邻地铁或被地铁辐射的区域，省去很多上下班路上通勤时间。其次，因为是两个人居住，可以买小户型的，以他们目前的经济状况来看，月供最好不要超过月工资总和的三分之一，贷款金额控制在100万～150万元；而且，两个人是首次置业买房，在现行的贷款政策下，准新人首次贷款买房，可以使用公积金或组合贷款，采用“自由”还款的方式。

案例2：

贾先生结婚时，贷款买过一套小户型，已经提前结清贷款。孩子出生后，他想换套房，把父母接过来帮忙照顾孩子。他想将手里的这套房子卖掉，凑齐再次买房的首付款，不知道合不合适，也不知道该用什么方式贷款。

解答：

贾先生属于二次换房人群，可能要五口人生活在一起，适合大户型的三居室。如果选择面积较大的三居室，用商业贷款更加适宜。而且，第一套房已经还清贷款，可以不用将现有住房卖掉，用出租获得的租金来抵偿日后的贷款月供。

如今，大多数的人都选择贷款买房，只有小部分人有能力全款买房。

很多贷款买房的人都以为全款买房更划算，可以少很多利息；而一些全款买房的人又认为贷款买房更方便，也不影响其他的理财。所以，不少购房者会陷入全款买房好还是贷款买房好的问题中。

下面，我们列出全款买房和贷款买房的优缺点。

一、全款买房的优缺点

1. 全款买房的优点

（1）流程简单。全款买房可以直接与开发商签合同，不用走银行贷款的烦琐流程，不需要提供收入证明等复杂材料，还可以免除抵押登记、保险费等银行按揭费用。

（2）出手容易。全款买的房子随时都可以挂牌卖出，不用考虑银行解押等问题，一旦房价上涨，就可以迅速转手套现。如果遇到经济困难，还可以向银行申请抵押贷款。

（3）费用相对较少。全款买房可以免除各种手续费、银行利息等杂费，还可以节省购房款，享受开发商优惠。

2. 全款买房的缺点

（1）前期压力大。全款买房要求购房者必须一下子拿出全部的购房款，普通家庭难以做到，为了凑齐这笔钱，多数家庭需要在前期承受很大的压力，十分辛苦。

（2）购房风险大。一次性付款会加大购房风险，因为房产交易需要一段时间，有很多未知的变数，一旦发生意外，购房者就可能损失很多钱财。

二、贷款买房的优缺点

1. 贷款买房的优点

（1）前期投入少。贷款买房就是向银行借钱买房，前期不需要投入太多的资金，只需要准备一部分购房款作为首付款就足够了，剩下的钱，银行会帮你垫付，你只需按期偿还就可以拥有自己的房子了。

（2）买房风险低。贷款买房可以过滤掉一部分买房风险。因为银行会对开发商进行审查评估，以确认贷款安全，这样就能在一定程度上排除一部分资质不良、实力不足的开发商。

2. 贷款买房的缺点

（1）债务沉重。贷款买房，购房者需要负担沉重的债务，身后一屁股债，就会在无形中增加很多压力。为了尽早还完银行贷款，可能每天都要计算自己的生活收支，保证每项费用都没有超支。

（2）贷款流程烦琐。贷款买房的流程比较烦琐，主要体现为：需要经过提交资料、银行审核、审核通过后放贷等一系列过程，时间较长。同时，如果存在征信不良记录，贷款会非常困难，或者直接被银行拒贷。

可见，具体是要全款购房，还是贷款购房，主要看购房者的资金等情况，两者各有利弊。

不要紧盯新楼盘，二手房也有大优势

一、二手房的优势

跟新楼盘比起来，二手房有这样几大优势。

1. 二手房装修省事

房屋装修费心费力，每个装修过房子的人都知道装修的苦和累是难以用语言表达的，由装修引发的夫妻矛盾更是一重接一重。而二手房一般做过简单的装修，只要买些家具和家电，就可以直接入住。

2. 房子周边的配套设施一般比较健全

二手房大都集中在各城区成熟的小区或商业繁华地段。经过多年建设，周边的配套设施已经非常成熟，学校、医院、交通、商户样样都有，绿化也成型了。

3. 工程质量一目了然

二手房都是经过了多年的使用期，房子潜在的问题都已经暴露出来，如漏水、地面塌陷等。也可以通过探访卖家的街坊邻居，了解房子质量状况。

4. 室内污染源较小

新房最大的问题就是污染超标，如甲醛、苯等有害物质，而二手房经过几年的使用，污染物大部分已经挥发干净。

5. 二手房的价格组成更多元，谈判价格时有更多切入点

如果卖家急需用钱，还可以压压价，非常划算。

6. 交易手续简单

如果有中介介入，所有的事情都有中介安排，事情就更简单了。

二、买二手房的考虑因素

当然，在购买二手房的时候，有些因素是需要考虑的。

1. 做好产权审查

（1）检验二手房的所有权，审查该房的房产证及相关文件（原购房协议、原购房发票等）。

（2）房子的产权是否与他人共同拥有。

（3）交易前查看房屋有无其他债权债务纠纷或政法机关等的查封。

（4）审查房屋有无抵押等情况，是否属于允许出售的房屋。

（5）是否正在出租，承租人是否已经放弃优先购买权。

2. 过户及缴纳税费

买卖双方共同向房地产管理部门提出申请手续，管理部门查验有关证件，审查产权。如果房屋符合上市条件，就准予办理过户手续；反之，就拒绝申请，禁止上市交易。

3. 不要急于交定金

不了解意向购买的二手房的全面情况，就不要急着交纳定金。因为按照合同约定，在大多数情况下，定金是不退的。所以，除非自己对该房的情况非常了解，否则就不要急于交定金。

4. 签订合同

签合同时，买卖双方应在购买合同或协议中标明各方的责任、义务及业主对客户的承诺等，明确违约责任。比如，到期未交房、单方悔约及其他违约情况的具体处理应注明，以免在交款（过户、付款）时出现不必要的麻烦。

5. 不要全权委托中介

为了减少麻烦，很多人会全权委托中介帮助购买二手房，这是非常危险的。一旦遇到不良中介，就会吃差价，这是一笔不小的费用，因此在委托中介时不能全部放权，要将关键权利掌握在自己的手中。

6. 办理过户

签订合同时，买方要交付定金，然后由购房者和房主办理过户，过户前买方交齐全款。

办好《房屋所有权证》后，购房者要到土地部门办理土地证（只有市局有土地证）。

7. 保留费用清单

购房者买二手房时需承担的费用包括房款、中介费和相关税款。为了便于以后查询，在缴纳费用过程中，要保留费用清单和发票。此外，这些材料还可以作为证据使用。

第十章　购车规划：买车代步，不求奢华

根据购车需求，选择合适的车款

随着人们生活水平的提高，私家车已经成了我们生活的必需品。

参加工作后，很多年轻人都想买一辆自己的代步车，稍有积蓄的人则想换一辆新车。可是，车并不像电视、摩托车等物品，购车需要投入大笔资金，即使手里的钱足够，但你能保证自己买到的车，就能百分之百满意？事实上，相当一部分人买了就后悔。一个原因就是他们忽视了自己的购买需求，买到了不适合自己的车型。

市场上的车子林林总总，让人眼花缭乱，到底该买哪一款车？很多人都感到纠结万分，毕竟除了买房，买车也是人生一件大事。但众多购车者的经验告诉我们，要根据自己的需求，选择合适的车型。

一、看车前先制定购车预算

所有消费的最初源头都由自己的预算决定。价值决定品质，用老百姓的话说就是“一分钱一分货”。所以，买车一定要实事求是，看看手里攥着多少钱，然后再决定。

如今车子包括二手车的价格大都很透明。因此，即使是购买二手车，也要做个预算。有这样一个小故事：

小李大学毕业后应聘到一家公司工作，公司距离他们家不远，他打算拿300元买一辆自行车，用于上下班。

小李去买自行车的路上，遇到了朋友甲。小李告诉他自己打算买辆自行车，甲说：“花三四百元钱买辆自行车，还不如花1000多元买辆电动车。”小李想了想，确实如此！电动车还不用脚蹬，不会太累人。

在买电动车的路上，小李遇到朋友乙。小李告诉他自己的打算，乙说：“买电动车干什么？再添个千把元，就能买辆摩托车，骑起来比电动车快多了。”小李觉得有道理，又掉头去买摩托车。

买摩托车的路上，小李遇见了朋友丙。丙说：“你真傻！再添个万把元钱，买个小排量的汽车，能够遮风挡雨，轻捷稳健，一步到位，保质保量，多气派。”

钱越加越高，小李用手捏了捏口袋，自己只有500元钱，买辆三四百元的自行车足矣。

这个故事看似荒诞，却让人深省。忽视了自己的购车需求，投入就会无限增长，因此选车时一定要理性，买车前一定要先看预算。

这里的预算一共分两种：一种是全款预算，另一种是贷款预算。如果手里的钱不够，有些人就想贷款买车，但尽量不要贷款买车。因为，对于 10 万元的车来说，全款和贷款至少差 2 万元：贷款手续费 3000 元；首付 30%，剩下 7 万元，银行利息一年约 4000 元，三年就是 1.2 万元；此外，还要缴纳保险抵押金、管理费等。

所以，如果不是着急用车或急着用车来赚钱，能全款买车，就尽量不要贷款。如果很纠结，可以适当放低自己的选车标准，比如，本来打算贷款买 20 几万元的车，可以全款买 10 几万元的车。如此，在空间和用途上，都能满足个人需要。

二、一定要理性选车

国内的汽车文化非常不成熟，尤其在选车、购车方面，更不理性，当然，这也与我国汽车工业起步晚、发展时间短有关，但主要还在于消费心理、消费观念不成熟。要理性买车，如表 10–1 所示。

表10–1　理性买车

买车时应杜绝的行为	说明
买车不自量力	买车买房是人生大事，但不是我们唯一的需求。将家中所有的积蓄都拿出来，买一个可有可无的东西，是非常危险的

续表

买车时应杜绝的行为	说明
夸大自身需求	明明可以买个五六万元的代步车，为了满足虚荣心，却买了一辆10几万元的SUV，而且还做了车贷。这种消费就是“夸大自身需求”。要根据自己的预算，看看哪款车正好适合自己，够用就行，不要一味地追求对自己毫无意义的配置
买车盲目跟风	看到周围的朋友买什么车，就跟着买什么车；或在网上看哪款车销量高，就认为买这款车肯定没错。这些都属于盲目跟风。买车时，听取他人意见固然重要，但要结合自己的经济状况和使用需求，决定到底买哪款

追求高性价比的车型

所谓高性价比，主要看的是车型和配置。在价格一样的情况下，自然就要选择车型好、配置不错的车型。

很多时候，认真选过几款车后就能发现，它们的车型差异并不大，价格却千差万别，低者几万元，高者几十万元甚至上百万元。价格较高、优惠较少的车型，一般都是供不应求的，受到人们的热捧。可是，车子热门并不代表这款车就适合你。因此在买车之前，一定要先搞清楚自己的需求，确定是不是只有这一两款热销车型适合你，能否用性价比更高的其他车辆替代。

同时，大部分情况下，车型配置是越高越好，但价格也会水涨船高，因此也要根据自己的需求来敲定合适的配置。

事实证明，性价比高的车型，才具有保值增值的价值。

一、“使用需求”决定了具体买什么车

每个人做事都带有目的性，买车也是这样。首先，要清楚自己买车的需求点是什么，买车到底是干什么用的。不同的目的和使用需求，决定着你要购买哪种类型的车。

如果拉货，可以买台厢式货车或半挂车；如果货不多，可以买小型货车或 MPV。

如果拉人，要看看具体人数。如果家人比较多，上有老下有小，出行的时候一辆小车装不下，就买 MPV 或 7 座 SUV，乘坐空间更大，舒适性也更好。

如果既拉人又拉货，比如，在市场上做生意，就可以选择 MPV 车型；如果还想再省点，传统的面包车也不错。

如果跑长途，或路况不是太好，可以买 SUV 或越野车。

如果上下班代步，平时接送孩子、买买菜，一台三厢轿车足够。

此外，买车还要看周围的路况。我国幅员辽阔，地形比较复杂；而且，从南方到北方的温差也很大，这些都决定着车子必须具有的性能。比如，主要在农村乡镇上开，出行道路不太好，有的地方没有柏油路，夏天比较泥泞，冬天路面积雪也比较多，就选择 SUV，或其他

"通过性"比较好的车子。

二、从多维度来确定一款车是否适合自己

要想看某辆车是否适合自己，就要参考以下几个维度。

1. 空间性

中国人对车内空间有着极高的要求，很多汽车公司都生产了适合中国市场的"大空间车型"，很多车型后面都加个字母"L"。对空间性要求较高的，可供选择的车型比较多，要根据自己的需求进行选择。

2. 保养费用

用车离不开保养，5000 公里"小保养"，1 万公里"大保养"，保养的费用也非常可观，所以选购时一定要根据自己的经济实力，既要买得起，也要养得起。此外，还要注意保养维修的便利性。

3. 动力性

如果自己居住的地方山路崎岖，就需要一款动力非常好的车。选车时，在自己的价格区间内，要考虑什么车的动力好。任何车辆都不可能面面俱到，一定要抓住主要矛盾，懂得取舍。

4. 电子辅助配置

虽然辅助配置都是些可有可无的东西，但对于许多喜欢玩车的人来说，还是有一定吸引力的。比如，定速巡航、360 度全景影像、大

屏导航、车道偏离预警等。这些配置，都能让车子显得更高级、更有科技感。当然，具体选哪种配置，完全取决于你的兴趣爱好和实用性。

5. 油耗量

车子的油耗绝对关系到买车后的用车成本。选车时一定要注意一下车的油耗你能不能接受。

6. 操控性

“操控性”是一个很模糊的概念，比如，转向的虚位是否足够大，转向是否灵活，转弯的半径有多少；行驶起来的底盘质感，包括急加速、过弯等；此外，还有底盘对整辆车的支撑性、安全性和稳定性等。

7. 二手车保值率

随着人们生活水平的提升，一辆车一般开个五六年就想更换了，这时就要考虑能卖多少钱、会赔多少钱。所以，买车时，不仅要考虑自己持有使用阶段的方方面面，也要考虑五六年后转手时的保值情况。

理性购车，不要让维修和保养费用拖垮了你

随着“理性购车”这一概念逐渐深入人心，人们已经不再仅根据颜色、外形和价格等来选择车辆。作为一种消耗品，私家车不仅会涉及车款、保险、燃油等费用，还需要支付一笔零部件的维修保养费用。

不知道你有没有发现，在小区或路边总停放着一些“僵尸车”，一个月也不开一次，任由飞沙盖满车顶。这些车为什么一动不动呢？一个原因就是，车主买车时掏空了自己的钱袋，满足不了车辆的维护和保养需求，为了减少耗油，所以就干脆放在那儿，等需要的时候再开出去给自己充面子。有些人则是买车时有钱，而现在工作有所变动或事业受挫，没了收入来源，只能勒紧裤带，能省则省。

对于想要买车的人来说，为了做好维修和保养，最大限度地享受厂家提供的服务，都需要算一笔细账。因为车不仅是一种工具，更是一种消耗品或奢侈品。如果没有足够的钱做支撑，仅维修费和保养费，也会让你倍感痛心。

一、选车，该如何选

说到选车，就是从众多选项中，选择一个合适的。那么，什么算合适的呢？要考虑如下几个问题。

1. 我的预算有多少

不管买什么商品，做什么事情，都要提前做好预算。目前自己最多能拿出多少钱？自己最大的承受力是多少？喜欢好车，但也得消费得起。

不仅考虑自己最多能拿出来的钱、自己最大的承受能力；如果是贷款，还要考虑每个月的月供能承受多少。

2. 我要选择什么车型

现在的车市，汽车种类很多，可以初步分为轿车、SUV、MPV。在轿车中，还分为A级车、B级车、C级车；SUV分为小型SUV、紧凑型SUV、中大型SUV；MPV是指多用途车，就是常见的商务车。要根据自己家的人数、身高、体型去考虑车型的大小。同时，还要做到未雨绸缪，例如，家里一两年内要添丁，就要选择空间大点的、乘坐舒适点的。

搞清楚这样几个问题：平时多少人乘坐？对乘坐空间是否有要求？追求操控，还是舒适？喜欢自然吸气，还是增压？喜欢手动挡，还是自动挡？对某个车系是否有偏爱或排斥？需要什么特别配置？

3. 如何初步确定几款车型

对于车型的初步确定，可以通过以下几个途径。

（1）询问周边已经买过目标车型的人或该品牌的工作人员，该车型的使用情况、优缺点、售后服务等。

当然，询问周边“懂车”人士意见时，不要盲目听从，要注意询问车辆的实际使用情况，如油耗、质量、售后等。在网上看新车评测或者车型口碑时，只需作为参考。

（2）平时上下班的路上，是否看到过让自己眼前一亮的车，如果有，记下车的品牌，然后去查询，如果合适，就重点关注下。

（3）在汽车网站上，根据自己初步确定的预算、偏好，查看车型图片、对比车型配置、查看论坛相应口碑。

4. 自己要有主见

在确定车的预算、网上选车、听取周边亲戚朋友的意见时，一定要保持理智，不要让一些言论左右自己的判断。

二、买车不能贪小便宜

如果经济不充裕，也想购买一辆汽车代步使用，一定要避开以下几种汽车，不要贪小便宜，不然维修费会拖垮你的生活。

1. 即使再便宜，也不买泡水车

不管你有没有钱，购车时一定要避开泡水车，即使泡水车便宜，也不能贪小便宜，否则后期维修费会让你“怀疑人生”。另外，有些二手车商会用泡水车冒充二手车高价出售，未说出实情忽悠消费者，这种情况在二手车行业非常普遍，因此，购买二手车时，一定要学会鉴别是否是泡水车。

2. 拒绝超过 15 年的二手豪车

如果汽车行驶了 60 万公里，国家会引导车主报废，换算下来，汽车只要行驶 15 ～ 20 年，除了一些保养特别好的车之外，基本上就会成为废品。因此，不要购买超过 15 年的二手豪车，超过这个使用年限，二手豪车就相当于报废了，或者故障率高，维修成本大。

3. 大型事故车，不要看

无论贫与富，都不要购买大型事故车，否则后期的维修保养费用就是一个“无底洞”。另外，发生过大型事故的车，在安全性上也堪忧，即使维修完好，也存在一定的安全隐患。

为了面子而贷款买车，永远无法省钱

还贷款的日子实在太辛苦，不仅要还贷款，还要做好车辆的保养。买车，要根据自己的需求来，如果没有那个经济能力，就不要打肿脸充胖子。

小周大学毕业2年，在一家公司的人事部做助理，看到身边的朋友和同事都开着豪华型汽车，他觉得自己很没面子，也想购买一台这样的车。再加上父母一直都在催婚，小周购买豪车的欲望越来越强烈，觉得只要有了车，找对象就会容易一些。

考虑到自己的现状，小周决定贷款买车。好友知道了他的计划，劝他不要贷款买车，否则以后日子会过得非常拮据。小周并没有听取好友的意见，而是拿出自己这两年积攒的15万元，又跟父母要了5万元，去4S店观摩后，贷款5年，首付30%，买了一辆60多万元的车。

虽然买了一辆豪车，小周根本舍不得开。因为这辆车的油耗比较高，费用也是一项不小的开支。为了省钱，小周只能自己洗车，有时还要去小区水龙头那里蹭水，朋友说他死要面子活受罪。

汽车只是人们出行的一种交通工具，要根据自己的实际情况量力而行。如果经济条件足够，不如全款购买。假如手头资金不足，又有驾车的需求，不妨选择分期付款购车，但千万不要过分透支，也不要过分攀比和夸耀。

想贷款买车，应该多了解一下这方面的知识。

一、如何贷款买车

有些人由于工作需要，有一辆好车可以提升自己的形象，提高工作效率。

借钱买车虽然不丢人，但也要具备赚钱的动力。但不要买太贵的，否则会使你筋疲力尽。

贷款时一定要查一下贷款的金额，即本金，而非“利息+本金”。签订贷款合同时，要注意自己的那一份所盖的章，不要轻信销售，避免合同陷阱，有的合同中没写下贷款金额，通过四舍五入让你多贷了一笔钱，然后再多付点利息。因此，在借贷前，必须弄清楚自己到底借了多少钱。

二、买车的错误思想

1. 缺少认知，盲目买车

有的人不清楚自己的还款能力和养车能力，不对自身的经济条进行分析。车，不是购买了就结束了，只要购买了车，之后的每天都得花钱，比如保险、维修，还有加油。即使不开，每天也都得支付保险费用。车险加上油费，一个月最少也得400元左右，一年下来就是5000元左右。

2. 为了面子而买车

买车，要量力而行。为了一时面子，盲目购车消费，会对后期的还款带来很大压力。如果是自用，最好等你的钱攒够了再买。

3. 跟风，借钱，贷款

有的人看到身边的朋友都买了车，觉得自己也要有台车，于是跟风想购车。但是，自己没有钱，为了开车，只能到处借钱，可是借的钱也不多，只能付个首付。于是，又想到了贷款购车。

钱借了，车贷了，自己感到开心，又有面子，后面的问题就来了。刚开始每天开着小车到处浪非常开心，到第二个月，月供的压力就会随之而来。一年后，工作丢了，没了经济来源，但依然要还车贷。第二个月还款逾期，第三个月、第四个月工作还是没有着落，逾期越来越严重。最后，无奈断供，贷款方起诉，把车拖走，你的征信会上黑名单，将影响今后的工作生活。

闲置的二手车，最好卖掉

随着家庭中二次购车、三次购车的频率加速，很多家庭中都出现了闲置车辆，不进行处理，即使车闲置在家，也要支付养车费、保险费、停车费等开支。为了节省这笔开支，最好尽快将闲置的车辆卖掉。

一、家里闲置车辆的处理

闲置车通常都离不开两种情况：第一，不能开的老旧车，包括国二、国三等上路受限制的车辆；第二，不好开、多余的车辆，比如手动挡的车型，对于习惯了自动挡的人来说，就不愿意开；此外还有较大的 MPV 车型、只是偶尔用一两次的车型等。

对于这两大类车型的处置，有几种情况可供选择，如表 10–2 所示。

表10–2　闲置车的处理

处置方法	说明
二手车买卖	处置最简单的方式就是将闲置车辆卖掉，或者卖给二手车市场，直接过户。卖车的过程中，最好货比三家，多转转，了解相关手续，了解自己的车况，免得被人家大杀价
挂到网上卖车	如果不知道自己的车能卖多少钱，完全可以选个互联网平台，先挂到网上评估一下，或下载一些评估软件。如此，不仅能了解到价格，还能了解到车辆手续的各种情况，最后再卖掉也不错
置换实用车辆	有些车不实用，比如在限购城市，车牌非常重要，因此对于使用时间不长的多余车，完全可以置换一台能上路自己开的车辆
租借给他人	尤其是家庭用车较多的，可以在签订合同的基础上，租给亲戚使用，或将二手车直接过户给朋友
直接报废掉	比如，国三、国二的车型，很多地段、很多时间，都不能上路，满足不了出行的目的，只能直接报废

二、一辆车用多久卖掉才合适

关于汽车，虽然之前的 15 年强制报废标准改成了如今的 60 万公里报废，但汽车终究是一个消耗品，价格昂贵的汽车使用一段时间后终究逃不了要报废的命运，可是，多数人都不会把自己的车辆开到报废，基本上都是开上几年时间就置换新车。那么，一辆车使用多久卖掉才合适呢？笔者的建议是，不要在“最佳车龄”时卖车。

如今，多数人买车的目的都是满足自己日常的代步需求。按照普通的家用车来算，一年下来，一般只能跑 1 万公里，要想达到 10 万公里，基本上都需要 10 多年的时间；如果用车比较频繁，一年跑 2 万公里，也需要开 5 年，而 5 年的时间对于一辆车来说确实已经很久。

车辆行驶到 10 万公里的时候，该出手吗？不！车辆行驶到 10 万公里的时候，正处在一个“最佳车辆”的时间段。因为这个时间点从汽车的状态来说，相对还是比较好的。所以，车辆在正常情况下行驶 10 万公里后，如果期间没有发生大事故，卖车是非常不划算的。

第十一章　养老规划：提前做好规划，让自己老有所依

养老规划，尽量提前

现实中，很多年轻人总认为养老是几十年后的事情，太遥远了，现在还不需要思考。但事实上，养老已经成为一个严峻的社会问题，独生子女一代的家庭更要面临“倒金字塔”的养老困境。

数据显示，目前中国 60 岁以上的老年人已经超过 2.5 亿人，同时还在以每年近 1000 万人的速度递增，到 2030 年的时候，我们会是一个深度老龄化的国家，这是一个大势所趋。

当我们步入五六十岁大军的行列时，如何养活自己？是依靠国家，还是依靠孩子？

当你老了，如果想过得自由而快乐，就要提前做好养老规划。

一、为什么要主动规划养老

之所以要主动规划养老，原因不外乎以下几个。

1. 养老，需要多少钱

退休了，就可以安享晚年？不仔细计算一下，你永远不知道自己距离“安心养老”还有多远。生活费、医药费、娱乐费……林林总总加起来，没法估量。

调查显示，养老成本中位数是 182 万元；如果以这个数据为目标，每月投入 1389 元，年利率 1.75%，存够这些钱要 61 年。你还不觉得养老规划重要吗？

2. 养老金够吗

普通人的养老金到底从哪儿来？很多人说从基本养老保险中来。其实，这里有个现实需要认清。

数据显示，我国基本养老保险的理想替代率约为 60%，但目前很多人只有 40%。也就是说，只靠基本养老保险，退休后生活质量会下降。

3. 养老，能靠儿女吗

有人会说，有钱没钱，都能养老，因为我们还有孝敬老人的优良传统。但年轻人每月能攒下多少钱？如今各种支出已经给小夫妻造成了很大压力，老年人期待“养儿防老”很可能成为奢望。即使儿女生活条件不错，也要尽量少给他们添麻烦。

二、多方入手做好养老规划

为了让自己将来有所保障，只要一进入职场，就要考虑将来的养老规划，购买基本养老保险或城乡居民养老保险。越早做规划，对你越有利。养老早一步，人生大不同！

1. 基本养老保险

刚参加工作的人，企业一般都会按规定给员工上养老保险。这是最基础的保障，可以保证我们基本的生活。一旦出现断缴，就要及时协调单位或由个人补缴。

2. 商业养老保险

商业养老保险是社会基本养老保险的补充，可以发挥锦上添花的作用。通过保险的复利效应，可以使你投入的钱获得稳定、可靠的收益。

3. 补充养老保险

补充养老保险是个人退休生活的重要补充来源，主要指企业年金或职业年金，通常大型企业都会给员工购买。如果企业没有购买，而你手里有钱，就可以买这种保险。

4. 个人储蓄

养成储蓄习惯，每月从工资中留出部分存款，作为将来改善老年生活的基金。

预留应急资金，及时应对意外

在我们成长和生活的过程中，意外总是如影随形。因此预留应急资金，异常重要。即使购买了股票、基金和房子，依然要留出 3 ～ 6 个月的收入作为家庭应急资金，以备不时之需。

如今，市面上的理财产品大多都有提前赎回条件，如果届时为应急提前取出投资资金，带来收益的降低，反而不划算。因此，在理财的时候，一定要预留出应急资金，否则一旦遇到紧急情况，就只能从自己的理财资金中抽取一部分出来，会造成很大的资金损失。

对企业来说，现金流是衡量财务健康与否的重要指标。而对每个家庭来说，管理好自己的现金也是非常重要的。尤其是对有房贷、车贷的家庭来说，管理好现金，应付本息的清偿，更是家庭理财最基础的工作。另外，还要关注失业或失能导致的工作收入中断、紧急医疗或意外灾害所导致的费用超支等意外情况。那么，该准备多少紧急备用金呢？至少应准备 3 个月的固定支出费用，较保守者可准备 6 个月。

记住，除了家庭必须保持温饱以外，不能因为一时的失业，无法偿还银行贷款应付的本息，否则将会使自己信用受损，影响长期的购车、买房等理财计划，还有可能导致购置的房子被银行拍卖。

当然，具体预留多少紧急备用金，各个家庭会有所不同，主要依据以下因素而定。

一是风险承受能力和意愿。风险偏好低的家庭，可以预留较多资金。

二是持有现金的机会成本。如果家庭有较好的理财渠道，可少预留一些资金。

三是收入来源及稳定性。家庭工作人数较多，有其他收益并较稳定，可少留资金。

四是资金支出渠道及稳定性。如果家庭开支稳定，意外大项支出较少，也可少留资金。

五是非现金资产的流动性。如果大量的资产是房产或实业投资等变现周期长、变现价格不确定性高的流动性差的资产，需多留紧急备用金。

可以用两种方式筹备紧急备用金：一是流动性高的活期存款或短期定期存款，二是备用的贷款额度。

以存款筹备紧急备用金的机会成本是因为准备资金的流动性，可能无法达到长期投资的平均收益；若以贷款额度做紧急备用金，一旦动用就需要支付较高利率的利息。因此，存款利率与短期贷款利率的差距越大时，以存款作为紧急备用金的诱因就越大。

一般情况下，最好的方式是存款与贷款额度相互搭配，各自作为紧急备用金的一部分。比如，每月固定支出为 6000 元，拟定的紧急备用金为 6 个月的固定支出 36000 元，可以将 12000 元放在储蓄存折中当作第一笔紧急备用金；另外，向银行设定紧急备用额度 24000 元。如此，即使月收入无法应对当月支出，12000 元的存款额度也可以被随时挪用应急；另外，一时的大笔支出连 12000 元的存款余额也不够支付，要利用预先设定的备用贷款额度，虽然利率较高，但时间不会太长，利息总额也不会太大。

整体来说，这种搭配方式比较稳健。

没有保险，就少了保护伞

说到保险，很多人是又爱又恨。爱的是，保险确实能在我们需要的时候，为我们提供帮助，让我们免受损失；恨的是，有些保险在出险理赔时问题重重。但不管怎样，保险的保护作用依然明显，在我们给自己做养老规划的时候，一定要将保险纳入规划内容。

在迅速变化的时代，没有保险，意味着抗风险能力太低。合理规划保险理财对年轻人来说具有重要意义。

一、个人理财保险规划的内容

购买一定的保险产品，也能实现风险管理和投资的目的。

规划个人保险理财产品，主要涉及财产险、寿险、养老保险、健康保险、万能险、教育储蓄险、意外伤害保险等。个人要根据自己的实际情况，制订适合自己的个人保险规划。

这里，主要给大家介绍一下意外险、商业健康保险和商业养老保险，如表 11-1 所示。

表11-1　保险规划内容

内容	说明
商业健康保险	现代社会竞争激烈，工作和生活压力巨大，个人最容易出现健康问题。买了意外保险后，可以购买一份适合的商业健康保险。如果需要经济实惠、性价比高的保险产品，可以选择消费型卡单式产品，既有意外保障，又能呵护个人健康；如果个人经济收入较高，可以单独购买一份重疾险，享受专门的重疾保障
商业养老保险	购买了意外保险和健康保险后，可以买份适合的商业养老保险。个人在购买商业养老保险时，要注意这样两点：首先，要明确缴费期限，可以适当缩短缴费期限，减少所需缴纳的保费总额；其次，无论采用何种领取方式，计划何时领取，都要保证最少领取20年或至85岁

续表

内容	说明
意外险	目前，市面上的商业意外险产品较多，在挑选时要重点关注保障范围，可以选择附加意外医疗和每日住院津贴补偿的产品。此外，如果经常乘坐公共交通工具，还可以购买适合的交通工具意外险。不过，在购买这种保险时，要看清楚是否包含你常乘坐的公共交通工具

二、购买保险要注意的问题

个人在购买保险时，要注意以下几个问题。

一是在购买保险之前，要保持清醒的头脑，对自己的资金状况、预期收益、风险偏好、承受能力、理财目标等诸多因素做全面评估，然后再根据个人实际状况选择适合自己的保险产品。

二是在购买保险前，要充分了解各公司的保险与赔付能力，不能只听保险业务员的一面之词。

三是在购买保险时，应充分了解产品、保险期限及其购买渠道。

三、个人保险应该如何规划

个人保险的规划，要从以下几点入手。

1. 理性选择投保的家庭成员

对于家庭来说，保险是一种风险管理工具，不能忽视了保险的重要性，要理性选择投保的家庭成员，比如家庭支柱。处在事业上升期的年轻人，一旦生病或者发生意外，将给家庭带来巨大的打击，因此家庭的经济支柱应该是保险的主要对象。

2. 注意家庭中的固定资产比例

固定资产的增值空间有限，变现能力较差，在所有家庭资产中的占比最好不要超过 60%。

3. 充分准备紧急备用金

虽然把钱放在银行存活期没有多大的增值效果，但依然要准备 3～6 个月的收入，作为家庭紧急备用金，供自己遇到紧急情况时使用。

4. 做一个长期理财规划

我们不仅要努力赚钱，更要考虑长远，做长期理财规划，要考虑到保险规划和养老计划。

第十二章　投资规划：资金不同，选用不同的投资方式

1万～5万元：为孩子准备好未来的教育储备金

对于每个家庭来说，子女教育是一项很大的开支。为了不影响孩子的生活和学习，我们有必要为孩子准备一笔教育储备金。

家庭储备教育资金有一个特点，就是时间长。从孩子 6 岁上小学开始到 22 岁大学毕业，前后要经历 16 年时间，如果孩子能够接受更高学历的深造，时间跨度可能会更长。如果打算让孩子出国留学，就要准备 100 万元作为教育储备金，如果考虑到时间、通货膨胀等因素，还不一定够用。

早日进行理财规划，就能在漫长的岁月中增加不少资产保值和增

值的机会。为了满足孩子的这一“刚性需求”，最好从孩子出生就开始进行规划。众多事实也表明，家长无论是购买教育保险、基金定投，或是定期储蓄，都是动手越早，花费越少。

如果要想使家庭生活水平保持原有水平或不下降，减少孩子上学后的后顾之忧，一定要及早动手，根据今后实际需要的教育投入金额，综合考虑养老、医疗、购车、养房等其他需求，量身打造一份资产配置表，轻松应对孩子上学的各项花费。

那么，当家中有 1 万～ 5 万元时，如何投资子女教育、减轻家庭经济负担呢?

1. 教育储蓄

教育储蓄，是专门为了教育目的而设定的一种专项储蓄方式，适合收入不高的工薪家庭。

教育储蓄采用的是实名制，开户时，储户要持本人（学生）户口簿或身份证，到银行以储户本人（学生）的姓名开立存款账户。虽然教育储蓄是零存整取的储蓄形式，但可以享受定期储蓄的利率，而且储蓄利息还免税，50 元起存，每户本金最高限额为 2 万元，存期分为 1 年、3 年、6 年等三档，确实不错。

2. 月定投

每月定额投资小额资金，期满回收本金收益，就是月定投。这既是一种固定收益类理财模式，也可以帮助家庭储蓄子女教育金，固定年化收益率为 6.8%，每月 5000 元起投，5 年后就能得到 30 多万元……时间越长，收益就越高，资金积累也会越多。如果家庭经济水平中等或以上，就可以选择这种产品。

3. 教育保险

教育保险就是为孩子准备的教育金，是一种储蓄性险种，既具有强制储蓄的功能，又有一定的保障功能，分红收益还免税。但是，与其他教育理财方式比起来，教育保险的投资回报率并不高。选购教育金保险时，最好选择带有保障功能的产品，既能为孩子未来的教育金做储备，又能为孩子做好保障。如果你的家庭属于中产，且有理财和保障双重需求，就可以选择这种理财产品。

早日为自己的孩子做好教育储备金规划，家庭就能拥有健康生活方式、不错的理财收益，为孩子做好保障。需要注意的是，对于子女教育金的储备，应做长期规划，选择适合的储备方式；另外，还可以进行一些低风险的理财产品组合投资，比如国债、货币基金、银行理财产品、固定收益类理财产品等。

5万～10万元：一半是银行理财，另一半是保险

手头有5万～10万元，你会怎样理财？在为孩子教育准备好教育储备金后，就可以拿出部分购买一些银行理财产品，享受银行的红利；也可以买一些保险，为自己的将来做保障。

5万～10万元，想要稳健地赚取更多收益，可以采用以下分配方式。

1. 50%——用于低风险投资

可以把50%，也就是5万元用在低风险投资中，比如银行理财、国债等。国债，比如电子式国债，购买比较方便，不需要去银行排队，保存起来也比较方便。如今，3年期国债年化利率约为3.4%，5年为3.57%。至于在银行理财和国债两者之间怎样做选择，银行适合中长期投资，国债适合长期投资，可以根据资金使用情况做选择。

2. 20%——投资中等风险的产品

拿出2万元，可以进行中等风险投资，比如基金。基金，一共有三种：债券型基金、指数型基金和股票型基金等。

（1）债券型基金，是专门投资于债券的基金，主要有国债、金融债和企业债等，收益约为 5%，相对来说，风险比较低。

（2）指数型基金，是用来跟踪某个市场或某个行业走势的基金，跟行业表现有一定的关系，波动幅度比较大。

（3）股票型基金，投向的是股市，风险比较大，可以放在后面考虑。

如果想定投，可以考虑指数型基金，虽然其间可能会经历大涨大跌，但长期来看，收益还是比较不错的。不过要想降低些风险，还可以考虑一些组合，比如，50% 的指数型基金 +50% 债券型基金，定期进行动态平衡，就能有效分散风险。

3. 20% —— 用于投资高风险产品

在这部分产品投资里，股票、股票型基金、黄金等都可以考虑，去搏一个高收益。

4. 10% —— 放在活期产品中

从总收入中取出 10%，购买流动性比较强的货币基金，以备未来不时之用。这是一种流动性储备，可以用在日常的消费和紧急支出中。不过，如果你最近没什么大支出，也可以购买一些短期理财，比如银行的 7 天、14 天短期理财。

10万～30万元：稳中求胜，考虑私募和信托

家里有10万～30万元，已经不是一笔小数目，在满足了基本生活的基础上，保证了孩子教育的前提下，就可以将剩下的钱投资私募和信托，稳定而可靠。

一、合理分配资金

理财，要注重时间配置，期望效益。但不论时间如何，在决定用30万元投资理财前，都要清楚自己的生活质量是否会因为这10万～30万元而受到影响，是否预留出了财务保障（突发情况的保证金）。将这些问题解决了，就可以进行投资了。

1. 财务保障金（25%）

这笔资金，可以随时取出用于急用。可以将这笔钱用于货币基金投资，每月分配工资10%持续增加财务保障金。

2. 投资理财（75%）

（1）基金。如果想做基金投资，建议投资指数型基金；即使选择

定投，也要依据基金涨跌自行定投。

（2）保险型理财。很多保险公司推出的理财项目都不错，投资以复利的方式结算，具有随取随用、贷款利息低等特点。复利收益是无穷的，只要进行长线投资，就能获得巨额收益。因此，这一阶段的投资不要注重短期利益，要注重长线投资。

（3）实业投资。如果你在二、三线城市，可拿出 75% 的钱，以良好的征信取得贷款，投资实业，比如投资房产、商铺和仓库等。每月在还完贷款后，还能产生正向现金流。

二、可选的理财产品

手里有 10 万～ 30 万元闲置资金时，可以选择以下理财产品。

1. 基金

按照有关销售机构约定的扣款时间、扣款金额及扣款方式，就可以在约定的扣款日从指定银行账户内自动完成扣款和基金的申购。比如，打算投资 1 万元购买基金，按照定期定额计划，每月只要投资 1000 元，连续投资 10 个月即可；如果每月投资 200 元，就要连续投 50 个月。不同于单笔投资，定期定额投资基金的投资起点比较低，不会给家庭带来沉重的负担；每月自动扣款，可以强迫储蓄，积累一定的资金；长期坚持，还可以获取一定的复利收益。

2. 储蓄

这是一种很常见的理财方式。将钱放在银行里，确实安全可靠。如今，很多银行推出了整存整取、零存整取等内容，但收益率不同，个人完全可以自由组合选择。如果你手头有 3 万元，就能开设 1 ～ 3 年期的 1 万元定期存单各一份。1 年后，用到期的 1 万元再开设一个 3 年期的存单……依此类推，3 年后就能持有 3 张到期日依次相差一年的定期存单。这种方式，既能应对储蓄利率的调整，又可以获取较高利息。

3. 银行理财产品

银行理财产品可以分为保本保收益型、保本浮动收益型。购买银行保本理财产品，可以保证本金安全，主要有两个特点：保本有一定的期限限制，一旦提前终止或赎回，就不在承诺范围内了；保本期限较长，收益较低，起投门槛至少为万元。

4. 国债

国债分为凭证式国债、记账式国债和电子储蓄国债。其中，凭证式国债和电子储蓄国债不能上市流通，不会遭遇信用风险与价格波动风险，利率也比同期储蓄存款利率高；记账式国债既可以上市交易，也可以随时买卖，收益相对较高。

100万元：不要将鸡蛋放到一个篮子里

简而言之，所谓理财其实就是在个人风险承受能力范围内尽量选择收益较高的产品，对资金进行合理配置，在收益和风险之间尽量寻求一个平衡。

高收益，风险一般也会很高，但并不是说低收益就没有风险，在选择理财产品时，要更加小心谨慎，不要盲目相信他人推荐，不能随大流。比如，100 万元已经达到了信托的标准，完全可以得到 8% 甚至更高的年收益，但是，即使是有担保和抵押物的信托产品，也无法保证本金安全。

鸡蛋不能都放在一个篮子里，这是理财的重要原则。如果你的风险承受能力低或丝毫不愿意承受本金损失，就可以选择国债、大额存单、银行普通定期存款、结构性存款、保本理财产品等。

不同的理财方式对应着的收益率也是不同的，当你手中有 100 万元时，想要获得较高的收益，就要多选择几种理财方式。

1. 储蓄

目前，储蓄算是收益率最低的理财方式，但很多人依然会采取这种方式。储蓄的具体优势和方式在前面已经介绍过，这里不再赘述。

2. 信托

信托产品的投资门槛一般是 100 万元，且集合类信托的期限也不能少于一年，过了这个门槛，信托也是一个不错的选择。很多集合类信托的收益率预期为 7% ～ 8%，如果手头有 100 万元，一年就能获得 7 万～ 8 万元的收益。

3. 指数基金、股票

指数基金、股票属于没有固定收益的范围之内。如果投资精准，就能得到可观收益；如果投资失误，则会大幅亏损。

后 记

理财要长期坚持

这是人人理财的时代，从跳广场舞的大妈，到刚步入职场的年轻人，都已经参与到了投资理财中。但是，许多人对投资理财有一个误区，认为投资理财就像买彩票、赌博一样，目的是更多、更快地赚钱。

投资理财需要长期坚持。追求“短、平、快”，不仅无法对一个理财产品和投资项目有深入而全面的了解，不能做到准确投资，还有极大的风险，甚至还会给投资者带来较大的损失。

那么，如何才能长期坚持下去呢?

一是要明确理财目标。目标，就像一座灯塔，能为个人理财指引前行的方向。当然，财富目标要根据实际情况来定，不要盲目地制定，比如“一年后成为亿万富翁”“发大财”这样的目标，根本不切实际。最好先制定短期的小目标，比如，半年后存下 3 万元、1 年后要实现 6% 的理财收益……只有循序渐进地制定理财目标，才能产生不断前进的动力。

二是可以跟朋友一起理财。理财是一个技术活，时间久了，很容易感到无聊和枯燥，无法坚持下去。这时候，可以找一个志同道合的伙伴一起理财，或参与一些理财交流活动，大家互相交流理财经验，分享理财心得。在这个过程中，不仅能多懂些金融理财知识，还能发掘到更多投资的赚钱机遇。

三是可以从简单的理财项目开始。买股票、买基金等都属于投资范畴，但并不是投资的全部。初次进行理财，可以从基础性投资做起，比如配置些货币基金等固定收益类产品。在保证资金安全的基础上，获得稳定的收益，不仅可以让自己获得成就感，还能增加理财的信心。

四是要养成良好的理财习惯。如果要通过理财实现财富目标，中间需要重复做很多事，其中就包括了记账、强制储蓄、基金定投等。虽然这些事看上去都很容易做到，但是实际上养成习惯坚持下去却比较困难。人们常说，21 天就能养成一个好习惯，培养好的理财习惯，确实能极大地提高理财效果。